乡村振兴背景下乡村景观规划设计与创新研究

杨国杰　著

中国纺织出版社有限公司

图书在版编目(CIP)数据

乡村振兴背景下乡村景观规划设计与创新研究 / 杨国杰著. --北京：中国纺织出版社有限公司，2023.4

ISBN 978-7-5229-0484-9

Ⅰ. ①乡… Ⅱ. ①杨… Ⅲ. ①乡村规划－景观规划－景观设计－研究 Ⅳ. ①TU983

中国国家版本馆 CIP 数据核字(2023)第 062294 号

责任编辑：张　宏　　责任校对：寇晨晨　　责任印制：储志伟

中国纺织出版社有限公司出版发行
地址：北京市朝阳区百子湾东里 A407 号楼　邮政编码：100124
销售电话：010—67004422　传真：010—87155801
http://www.c-textilep.com
中国纺织出版社天猫旗舰店
官方微博 http://weibo.com/2119887771
三河市宏盛印务有限公司印刷　各地新华书店经销
2023 年 4 月第 1 版第 1 次印刷
开本：787×1092　1/16　印张：9.25
字数：179 千字　定价：98.00 元

凡购本书，如有缺页、倒页、脱页，由本社图书营销中心调换

前　　言

乡村一般指的是人口稀少、远离城镇、以农业生产为主要经济来源的地方，同时乡村随着时间流逝不断演变，是一定空间范围内生态、土地利用和社会经济等多方面、多维度相互作用的结果，并随着内在的人地关系变动发生变化。因此，乡村景观不是一成不变的，是随着乡村变迁而不断进化发展的，是在乡村这个特定的空间范围基于乡村人地关系，能够反映生态环境、土地利用方式、社会经济等多维度的特定景观类型。

在新农村建设过程中，想要进一步提高乡村的吸引力，可以从乡村景观规划设计入手。在国家实行乡村振兴战略的背景下，应提高对景观规划设计工作的重视程度，同时对景观规划设计理念进行创新，融入新时期的景观设计内涵，这样才可以确保乡村景观的可欣赏性更高，能够为乡村建设增添一抹亮丽的色彩。

乡村景观建设是乡村建设中不可或缺的组成部分，为了确保乡村景观建设的合理性，应注重维护生态系统、保留农村环境艺术，并立足于乡村文化来开展乡村景观的规划设计工作，从而提高景观规划设计的质量，使景观更有张力、更有魅力，更能体现乡村优势。本书在乡村振兴的基础上，对乡村景观的环境规划、设施规划、生态规划等方面进行了论述，最后对乡村景观的创新设计规划进行探索。本书可作为乡村景观规划设计人员的参考用书。

本书在撰写过程中参考了一些同仁、学者的著作，在这里表示真挚的感谢，由于本人的时间和精力有限，书中难免存在不足之处，望广大读者给予批评指正。

著　者

2023年1月

目　　录

第一章　乡村振兴战略概述 …… 1
第一节　乡村振兴的战略意义 …… 1
第二节　乡村振兴战略的科学内涵及战略导向 …… 4
第二章　乡村振兴背景下城市化乡村发展 …… 17
第一节　乡村振兴战略规划概述 …… 17
第二节　乡村规划的历史演进及面临的形势 …… 27
第三节　乡村振兴战略规划制定的基础与分类 …… 32
第四节　城乡一体化的发展道路 …… 36
第五节　“三农”问题以及社会主义新农村建设 …… 39
第三章　乡村景观环境规划 …… 45
第一节　乡村景观设计原则 …… 45
第二节　乡村景观规划设计 …… 48
第四章　乡村景观规划的方法构成 …… 65
第一节　乡村规划的模式 …… 65
第二节　乡村规划设计的内容 …… 69
第三节　美丽乡村规划设计的技术路线 …… 76
第五章　乡村基础设施规划 …… 81
第一节　乡村基础设施规划概述 …… 81
第二节　乡村基础设施专项分类规划 …… 83
第三节　乡村交通与道路系统规划 …… 87
第四节　乡村公共服务设施规划 …… 93
第六章　乡村产业发展规划 …… 101
第一节　产业发展特征 …… 101

第二节　产业发展策略 …………………………………………………………… 105
第三节　产业发展模式 …………………………………………………………… 109
第七章　乡村生态农业规划 …………………………………………………… 119
第一节　农业生态环境的可持续发展 …………………………………………… 119
第二节　休闲农业园区规划设计 ………………………………………………… 121
第三节　家庭农场的规划设计 …………………………………………………… 127
第四节　传统手工艺恢复与农俗体验 …………………………………………… 134
参考文献 ………………………………………………………………………… 141

第一章　乡村振兴战略概述

乡村振兴战略是新时代中国特色社会主义伟大事业的重要组成部分，实施乡村振兴战略必须抓好四大战略关键点：明确战略目标，落实总体要求，抓住关键要素，聚焦关键难题。深入实施乡村振兴战略，打造适应新时代要求的城乡融合发展新格局，探索乡村振兴战略实施的有效途径，解决我国城乡发展存在的现实问题，补齐我国经济社会发展的短板，为最终实现全面建成小康社会奠定坚实基础。

第一节　乡村振兴的战略意义

一、乡村振兴的背景

中国特色社会主义现在已进入新时代，我国社会的主要矛盾已转化为人民日益增长的美好生活需要和不平衡不充分的发展之间的矛盾。当前，我国最大的发展不平衡是城乡发展不平衡，最大的发展不充分是农村发展不充分。过去一段时期，我们通过以城带乡、以工促农，在一定程度上避免了工农、城乡差距的进一步扩大，但由于更多侧重于服务城市现代化，忽视了乡村的整体现代化，一些农村地区出现了青壮年人口锐减、基础设施衰败、发展后劲不足等问题。

当前，中国的经济发展正处在一个重要时期，我国现在的任务是到2035年，基本实现社会主义现代化；到21世纪中叶，建成富强民主文明和谐美丽的社会主义现代化强国。中国有自己的特殊国情，我们是世界上人口第一大国，从国情和自身的发展规律来看，农村人口的大规模减少必将是一个长期的过程。

所以，中国要强，农业必须强；中国要美，农村必须美；中国要富，农民必须富。农业强不强、农村美不美、农民富不富，决定着亿万农民的获得感和幸福感，决定着我国全面小康社会的成色和社会主义现代化的质量。实施乡村振兴战略，是时代所需。提出乡村振兴战略，是从中国的基本国情和经济社会发展的阶段性特征考虑的。

乡村振兴不是乡村的哪一方面、哪一行业、哪一领域的振兴，而是乡村的全面振兴、系统振兴，涵盖了乡村各个方面的振兴。产业兴旺、生态宜居、乡风文明、治理有效、生活富裕是对社会主义新农村建设总要求的发展和完善。从生产发展到产业兴旺，这是乡村振兴的重点，要紧紧围绕促进产业发展，引导更多资源要素向农业农村流动，构建现代农业产业体系、生产体系、经营体系，形成农村一、二、三产业融合发展体系，激发农业农村发展的旺盛活力。实施乡村振兴战略，产业兴旺是重中之重，也是政治、社会、生态、文化振兴的基础，只有乡村产业兴旺，才有条件创造更多的物质财富和更高层次的精神文明。

从村容整洁到生态宜居，这是乡村振兴的关键，也就是要加强农村资源环境保护，改善水、电、路、气、房、通信等基础设施，统筹“山水林田湖草”保护建设。实施乡村振兴战略，实现生态宜居，是“绿水青山就是金山银山”理念的升华和实践，是人与自然在乡村的和谐共生，是百姓富、生态美的有机统一。

从管理民主到治理有效，这是乡村振兴的基础，也就是要加强和创新农村社会治理，强化基层民主和法治建设。弘扬社会正气，使农村更加和谐安定有序。实施乡村振兴战略，完善乡村治理体系，提高乡村治理能力，提升乡村德治水平，建立健全现代乡村社会治理体制，为推进国家治理体系和治理能力现代化建设提供重要支撑。

从生活宽裕到生活富裕，这是乡村振兴的根本，也就是要让农民有持续稳定的收入来源，推进城乡居民收入均等化，使广大农民衣食无忧、生活便利，实现共同富裕。这是以人民为中心的发展观的具体体现，是全面建设社会主义现代化国家的必然要求，也是做好农村工作的出发点和落脚点。实施乡村振兴战略，促进农民持续增收，提高农村社会保障水平，让农民共同享有农业农村现代化成果。

我们国家一直强调乡风文明，这是乡村振兴的保障，也就是要在新时代促进农村文化教育再上新台阶，弘扬农耕文明和优良传统，使农民综合素质进一步提升，农村文明程度进一步提高。实施乡村振兴战略，树立文明乡风、良好家风、淳朴民风，推动社会主义核心价值观在农村落地生根，是深化美丽乡村建设的有效途径。从总体上看，产业兴旺、生态宜居、乡风文明、治理有效、生活富裕的总要求是“五位一体”总体布局在乡村发展上的具体化，它们各有侧重、紧密联系、相互促进，共同构成了一个有机统一的整体。

工业化和城镇化的本来意义就是一个解决城乡关系问题的过程。但就工业化和城镇化作为自然过程而言，其结果可能并非缩小，反而扩大了城乡之间的发展差距。要使这个自然过程达到缩小城乡差距的效果，就需要植入政策干预的“变量”，才能缓解差距扩大，从而解决乡村经济社会发展不充分、相对落后于城市而导致发展不平衡的问题。党中央一直把建设新农村作为工作重点。党的十八大将城乡一体化提升到解决“三农”问题根本途径的空前高度。应该说，在我国出现于20世纪80年代并在十多年前被确认为重大历史任务的“城乡一体化”用语及其所内含的体制机制体系，实质上就是解决工业化和城镇化快速发展过程中被拉大的城乡差距问题的根本途径和有效对策。党的十九大报告在城乡一体化发展新格局的阶段性目标的基础上，进一步提出了进入城乡关系变化新时期旨在走向最终消除城乡差距、实现城乡公平的新目标。

二、实施乡村振兴战略的重要意义

党的十九大报告提出实施的乡村振兴战略具有重大的历史性、理论性和实践性意义。从历史角度来看，它是在新的起点上总结过去，谋划未来，深入推进城乡发展一体化，提出了乡村发展的新要求、新蓝图；从理论角度来看，它是深化改革开放，实施市场经济体制，系统解决市场失灵问题的重要抓手；从实践角度来看，它是呼应老百姓新期待，以人民为中心，把农业产业搞好，把农村保护建设好，把农民发展进步服务好，提高人的社会流动性，扎实解决农业现代化发展、社会主义新农村建设和农民发展进步遇到的现实问题的重要内容。

（一）实施乡村振兴战略是解决发展不平衡不充分矛盾的迫切要求

中国特色社会主义进入新时代，这是党的十九大报告做出的一个重大判断，它明确了我国发展新的历史方位。新时代，伴随社会主要矛盾的转化，对经济社会发展提出更高要求。新时代我国社会主要矛盾已经转化为人民日益增长的美好生活需要和不平衡不充分的发展之间的矛盾。改革开放以来，随着工业化的快速发展和城市化的深入推进，我国城乡出现分化，农村发展也出现分化，目前最大的不平衡是城乡之间发展的不平衡和农村内部发展的不平衡，最大的不充分是“三农”发展的不充分，包括农业现代化发展的不充分、社会主义新农村建设的不充分、农民群体提高教科文卫发展水平和共享现代社会发展成果的不充分等，解决这一新的社会主要矛盾需要实施乡村振兴战略。

（二）实施乡村振兴战略是解决市场经济体系运行矛盾的重要抓手

改革开放以来，我国始终坚持市场经济改革方向，市场在资源配置中发挥越来越重要的作用，提高了社会稀缺配置效率，促进了生产力发展水平的大幅度提高，社会劳动分工越来越深、越来越细。随着市场经济深入发展，需要考虑市场体制运行所内含的生产过剩矛盾以及经济危机等问题，需要不断扩大稀缺资源配置的空间和范围。解决问题的途径是实行国际国内两手抓，除了把对外实行开放经济战略、推动形成对外开放新格局，包括以“一带一路”建设为重点加强创新能力开放合作，拓展对外贸易，培育贸易新业态新模式，推进贸易强国建设，实行高水平的贸易和投资自由化便利化政策，创新对外投资方式，促进国际产能合作，加快培育国际经济合作和竞争新优势等作为重要抓手外，也需要把对内实施乡村振兴战略作为重要抓手，形成各有侧重和相互补充的长期经济稳定发展战略格局。由于国际形势复杂多变，相比之下，实施乡村振兴战略更加安全可控、更有可能做好并且更能给人民带来福祉。

（三）实施乡村振兴战略是解决农业现代化的重要内容

经过多年持续不断的努力，我国农业农村发展取得重大成就，现代农业建设取得重大进展，粮食和主要农产品供求关系发生重大变化，大规模的农业剩余劳动力转移进城，农民收入持续增长，脱贫攻坚取得全面胜利，农村改革实现重大突破，农村各项建设全面推进，为实施乡村振兴战略提供了有利条件。与此同时，在实践中，农业现代化发展、社会主义新农村建设和农民的教育科技文化发展中存在很多突出问题迫切需要解决。面向未来，随着我国经济不断发展，城乡居民收入不断增长，广大市民和农民都对新时期农村的建设发展存在很多期待。把乡村振兴作为党和国家战略，统一思想，提高认识，明确目标，完善体制，搞好建设，加强领导和服务，不仅呼应了新时期全国城乡居民发展新期待，而且将引领农业现代化发展和社会主义新农村建设以及农民教育科技文化进步。

第二节 乡村振兴战略的科学内涵及战略导向

相比新农村建设而言，乡村振兴战略的内容更全面、内涵更丰富、层次更高、目标更大，这是新时代我国农村工作发展方向和理念的一次深刻变革，其战略导向体现在“三个坚持”，即坚持高质量发展、坚持农业农村优先发展、坚持走城乡融合发展道路。

一、乡村振兴战略的科学内涵

（一）产业兴旺是乡村振兴的核心

新时代推动农业农村发展核心是实现农村产业发展。农村产业发展是农村实现可持续发展的内在要求。从中国农村产业发展历程来看，过去一段时期内主要强调生产发展，而且主要是强调农业生产发展，其主要目标是解决农民的温饱问题，进而推动农民生活向小康迈进。从生产发展到产业兴旺，这一提法的转变，意味着新时期党的农业农村政策体系更加聚焦和务实，主要目标是实现农业农村现代化。产业兴旺要求从过去单纯追求产量向追求质量转变、从粗放型经营向精细型经营转变、从不可持续发展向可持续发展转变、从低端供给向高端供给转变。城乡融合发展的关键步骤是农村产业融合发展。产业兴旺不仅要实现农业发展，而且要丰富农村发展业态，促进农村一、二、三产业融合发展，更加突出以推进供给侧结构性改革为主线，提升供给质量和效益，推动农业农村发展提质增效，更好地实现农业增产、农村增值、农民增收，打破农村与城市之间的壁垒。农民生活富裕前提是产业兴旺，而农民富裕、产业兴旺又是乡风文明和治理有效的基础，只有产业兴旺、农民富裕、乡风文明、治理有效有机统一起来才能真正提高生态宜居水平。党的十九大将产业兴旺作为实施乡村振兴战略的第一要求，充分说明了农村产业发展的重要性。当前，我国农村产业发展还面临区域特色和整体优势不足、产业布局缺少整体规划、产业结构较为单一、产业市场竞争力不强、效益增长空间较为狭小与发展的稳定性较差等问题，实施乡村振兴战略必须紧紧抓住产业兴旺这个核心，作为优先方向和实践突破点，真正打通农村产业发展的“最后一公里”，为农业农村实现现代化奠定坚实的物质基础。

（二）生态宜居是乡村振兴的基础

党的十九大报告指出，加快生态文明体制改革，建设美丽中国。美丽中国的起点和基础是美丽乡村。乡村振兴战略提出要建设生态宜居的美丽乡村，更加突出了新时代重视生态文明建设与人民日益增长的美好生活需要的内在联系。乡村生态宜居不再是简单强调单一化生产场域内的“村容整洁”，而是对“生产、生活、生态”为一体的内生性低碳经济发展方式的乡村探索。生态宜居的内核是倡导绿色发展，是以低碳、可持续为核心，是对“生产场域、生活家园、生态环境”为一体的复合型“村镇化”道路的实践打造和路径示范。绿水青山就是金山银山。乡村产业兴旺本身就蕴含着生态底色，通过建设生态宜居家园实现物质财富创造与生态文明建设互融互通，走出一条中国特色的乡村绿色可持续发展道路，在此基础上真正实现更高品质的生活富裕。同时，生态文明也是乡风文明的重要组成部分，乡风文明内涵则是对生态文明建设的基本要求。此外，实现乡村生态的更好治理是实现乡村有效治理的重要内容，治理有效必然包含有效的乡村生态治理体制机制。从这个意义而言，打造生态宜居的美丽乡村必须把乡村生态文明建设作为基础性工程扎实推进，让美丽乡村看得见未来。

（三）乡风文明是乡村振兴的关键

文明中国根在文明乡风，文明中国要靠乡风文明。乡村振兴想要实现新发展，彰显新气象，传承和培育文明乡风是关键。乡土社会是中华民族优秀传统文化的主要阵地，传承和弘扬中华民族优秀传统文化必须注重培育和传承文明乡风。乡风文明是乡村文化建设和乡村精神文明建设的基本目标，培育文明乡风是乡村文化建设和乡村精神文明建设的主要内容。乡风文明的基础是重视家庭建设、家庭教育和家风家训培育。家庭和睦则社会安定，家庭幸福则社会祥和，家庭文明则社会文明；良好的家庭教育能够授知识、育品德、提高精神境界、培育文明风尚；优良的家风家训能够弘扬真善美、抑制假恶丑，营造崇德向善、见贤思齐的社会氛围。积极倡导和践行文明乡风能够有效净化和涵养社会风气，培育乡村德治土壤，推动乡村有效治理；能够推动乡村生态文明建设，建设生态宜居家园；能够凝人心、聚人气，营造干事创业的社会氛围，助力乡村产业发展；能够丰富农民群众文化生活，汇聚精神财富，实现精神生活上的富裕。实现乡风文明要大力实施农村优秀传统文化保护工程，深入研究阐释农村优秀传统文化的历史渊源、发展脉络、基本走向；要健全和完善家教家风家训建设工作机制，挖掘民间蕴藏的丰富家风家训资源，让好家风好家训内化为农民群众的行动遵循；要建立传承弘扬优良家风家训的长效机制，积极推动家风家训进校园、进课堂活动，编写优良家风家训通识读本，积极创作反映优良家风家训的优秀文艺作品，真正把文明乡风建设落到实处，落到细处。

（四）治理有效是乡村振兴的保障

实现乡村有效治理是推动农村稳定发展的基本保障。乡村治理有效才能真正为产业兴旺、生态宜居、乡风文明和生活富裕提供坚实的秩序支持，乡村振兴才能有序推进。新时期乡村治理的明显特征是强调国家与社会之间的有效整合，盘活乡村治理的存量资源，用好乡村治理的增量资源，以有效性作为乡村治理的基本价值导向，平衡村民自治实施以来乡村社会面临的冲突和分化，也就是说，围绕实现有效治理这个最大目标，乡村治理技术手段可以更加多元、开放和包容。只要有益于推动实现乡村有效治理的资源都可以充分整合利用，而不再简单强调乡村治理技术手段问题，忽视对治理绩效的追求和乡村社会的秩序均衡。党的十九大报告指出，要健全自治、法治、德治相结合的乡村治理体系。这不仅是实现乡村治理有效的内在要求，而且是实施乡村振兴战略的重要组成部分。这充分体现了乡村治理过程中国家与社会之间的有效整合，既要盘活村民自治实施以来乡村积淀的现代治理资源，又要毫不动摇地坚持依法治村的底线思维，还要用好乡村社会历久不衰、传承至今的治理密钥，推动形成相辅相成、互为补充、多元并蓄的乡村治理格局。从民主管理到治理有效，这一定位的转变，既是国家治理体系和治理能力现代化的客观要求，也是实施乡村振兴战略、推动农业农村现代化进程的内在要求。而乡村治理有效的关键是健全和完善自治、法治、德治的耦合机制，让乡村自治、法治与德治深度融合、高效契合。例如，积极探索和创新乡村社会制度内嵌机制，将村民自治制度、国家法律法规嵌入村规民约、乡风民俗中去，通过乡村自治、法治和德治的有效耦合，推动乡村社会实现有效治理。

（五）生活富裕是乡村振兴的根本

生活富裕的本质要求是共同富裕。改革开放四十多年来，农村经济社会发生了历史性巨变，农村正在向着全面建成小康社会迈进。但是，广大农村地区发展不平衡不充分的问题也日益凸显，积极回应农民对美好生活的诉求必须直面和解决这一问题。农民对生活富不富裕有着切身感受。长期以来，农村地区发展不平衡不充分的问题无形之中让农民感受到了一种“被剥夺感”，农民的获得感和幸福感也随之呈现“边际现象”。也就是说，简单地靠财富增长已经不能有效地提升农民的获得感和幸福感。生活富裕相较生活宽裕而言，虽只有一字之差，但其内涵和要求却发生了非常大的变化。生活宽裕的目标指向主要是解决农民的温饱问题，进而使农民的生活水平基本达到小康，而实现农民生活宽裕主要依靠的是农村存量发展。生活富裕的目标指向则是农民的现代化问题，是要切实提高农民的获得感和幸福感，消除农民的“被剥夺感”，而这也使生活富裕具有共同富裕的内在特征。

如何实现农民生活富裕？显然，靠农村存量发展已不具有可能性。有效激活农村增量发展空间是解决农民生活富裕问题的关键，而乡村振兴战略提出的产业兴旺则为农村增值发展提供了方向。

二、推进乡村振兴的战略导向

（一）坚持高质量发展

党的十九大报告指出，我国经济已由高速增长阶段转向高质量发展阶段；必须坚持质量第一、效益优先，以供给侧结构性改革为主线，推动经济发展质量变革、效率变革、动力变革，中央经济工作会议提出推动高质量发展是当前和今后一个时期确定发展思路、制定经济政策、实施宏观调控的根本要求。实施乡村振兴战略是建设现代化经济体系的主要任务之一，尽管实施乡村振兴战略涉及的范围实际上超出了经济工作的范围，但推动乡村振兴高质量发展应该是实施乡村振兴战略的基本要求之一。仔细研读党的十九大报告中关于新时代中国特色社会主义思想和基本方略的内容，不难发现，这实际上也是指导中国特色社会主义高质量发展的思想。在实施乡村振兴战略的过程中，坚持高质量发展的战略导向，需要弄清什么是乡村振兴的高质量发展，怎样实现乡村振兴的高质量发展。

1. 突出抓重点、补短板、强弱项的要求

随着中国特色社会主义进入新时代，中国社会的主要矛盾转化为人民日益增长的美好生活需要和不平衡不充分发展之间的矛盾。实施乡村振兴战略的质量如何，首先要看其对解决社会主要矛盾有多大实质性的贡献，对于缓解工农城乡发展不平衡和“三农”发展不充分的问题有多大的实际作用。比如，随着城乡居民收入和消费水平的提高，社会需求结构加快升级，呈现个性化、多样化、优质化、绿色化迅速推进的趋势。这要求农业和农村产业发展顺应需求结构升级的趋势，增强供给适应需求甚至创造需求、引导需求的能力。对农村产业发展在继续重视“生产功能”的同时，要求更加重视其生活功能和生态功能，将重视产业发展的资源环境和社会影响同激发其科教、文化、休闲娱乐、环境景观甚至体验功能结合起来。尤其是随着“90后”“00后”“10后”逐步成为社会的主流消费群体，产业发展的生活、生态功能更要引起高度重视。以农业为例，要求农业在“卖产品”的同时，更加重视“卖风景”“卖温情”“卖文化”“卖体验”，增加对人才、人口的吸引力。近年来，电子商务的发展日益引起人们的重视，一个主要原因是其有很好的链接和匹配功能，能够改善居民的消费体验、增进消费的便捷性和供求之间的互联性，而体验、便利、互联正在成为实现社会消费需求结构升级和消费扩张的重要动力，尤其为边角化、长尾性、小众化市场增进供求衔接和实现规模经济提供了新的路径。

2. 突出推进供给侧结构性改革

推进供给侧结构性改革的核心要义是按照创新、协调、绿色、开放、共享的新发展理念，提高供给体系的质量、效率和竞争力，即增加有效供给，减少无效供给，增强供给体系对需求体系和需求结构变化的动态适应和反应能力。当然，这里的有效供给包括公共产品和公共服务的有效供给；这里的提高供给体系质量、效率和竞争力表现为提升农业和农村产业发展的质量、效率和竞争力，还表现在政治建设、文化建设、社会建设和生态文明建设等方方面面，体现这些方面的协同性、关联性和整体性。“三农”问题之所以被始终作为全党工作的“重中之重”，归根结底是因为它是一个具有竞争弱势特征的复合概念，需要基于市场在资源配置中起决定性作用，通过更好地发挥政府作用矫正市场失灵问题。实施乡村振兴战略旨在解决好“三农”问题，重塑新型工农城乡关系。因此，要科学区分“三农”问题形成演变中的市场失灵和政府失灵，以推进供给侧结构性改革为主线，完善体制机制和政策环境。借此，将支持农民发挥主体作用、提升农村人力资本质量与调动一切积极因素并有效激发工商资本、科技人才、社会力量参与乡村振兴的积极性结合起来，通过完善农村发展要素结构、组织结构、布局结构的升级机制，更好地提升乡村振兴的质量、效率和竞争力。

3. 协调处理实施乡村振兴战略与推进新型城镇化的关系

在党的十九大报告中，“乡村振兴战略”与“科教兴国战略”“可持续发展战略”等被列入其中，但“新型城镇化战略”未被列入要坚定实施的七大战略内，这并不等于说推进新型城镇化不是一个重要的战略问题。之所以这样，主要有两方面的原因：一是城镇化是自然历史过程。虽然推进新型城镇化也需要“紧紧围绕提高城镇化发展质量”，也需要“因势利导、趋利避害”，仍是解决“三农”问题的重要途径，但城镇化更是“我国发展必然要遇到的经济社会发展过程”，是“现代化的必由之路”，必须“使城镇化成为一个顺势而为、水到渠成的发展过程”。而实施七大战略则与此有明显不同，更需要摆在经济社会发展的突出甚至优先位置，更需要大力支持。否则，容易出现比较大的问题，甚至走向其反面。二是实施乡村振兴战略是贯穿21世纪中叶全面建设社会主义现代化国家过程中的重大历史任务。虽然推进新型城镇化是中国经济社会发展中的一个重要战略问题，但到2030—2035年前后城镇化率达到75%左右后，中国城镇化将逐步进入饱和阶段，届时城镇化率提高的步伐将明显放缓，城镇化过程中的人口流动将由乡—城单向流动为主转为乡—城流动、城—城流动并存，甚至城—乡流动的人口规模也会明显增大。届时，城镇化的战略和政策将会面临重大阶段性转型，甚至逆城镇化趋势也会明显增强。至于怎样科学处理实施乡村振兴战略与推进新型城镇化的关系，关键是如何建立健全城乡融合发展的体制机制和政策体系。

4. 科学处理实施乡村振兴战略与推进农业农村政策转型的关系

乡村振兴的高质量发展，最终体现为统筹推进增进广大农民的获得感、幸福感、安全感和增强农民参与乡村振兴的能力。2018年1月，中共中央、国务院发布《中共中央 国务院关于实施乡村振兴战略的意见》（以下简称“中央一号文件”）把“坚持农民主体地位”作为实施乡村振兴战略的基本原则之一，要求“调动亿万农民的积极性、主动性、创造性，把维护农民群众根本利益、促进农民共同富裕作为出发点和落脚点，促进农民持续增收”。如果做到这一点，不断提升农民的获得感、幸福感、安全感就有了坚实基础。党的十九大报告突出强调“坚持以人民为中心”，高度重视“让改革发展成果更多更公平惠及全体人民”。在推进工业化、信息化、城镇化和农业现代化的过程中，农民利益最容易受到侵犯，最容易成为增进获得感、幸福感、安全感的薄弱环节。注意增进广大农民的获得感、幸福感、安全感，正是实施乡村振兴战略的重要价值所在。当然也要看到，在实施乡村振兴战略过程中，农民发挥主体作用往往面临观念、能力和社会资本等的局限。因此，调动一切积极因素，鼓励社会力量和工商资本带动农民在参与乡村振兴的过程中增强参与乡村振兴的能力，对于提升乡村振兴质量来说至关重要。

增强农民参与乡村振兴的能力，有许多国际经验可供借鉴。如在美国、欧盟和日、韩等国的发展过程中，都有很多措施支持农民培训、优化农业农村经营环境，并有利于增加农民就业创业机会。美国《新农业法案》将支持中小规模农户和新农户发展作为重要方向，甚至在此之前就有一些政策专门支持农牧场主创业，为其提供直接贷款、贷款担保和保险优惠，借此培育新生代职业农民。该法案增加农产品市场开发补助金，明确优先支持经验丰富的农牧场主，优先支持最能为某些经营者或农牧场主创造市场机会的项目；鼓励优化农村经济环境，在农村地区提高经商创业效率、创造就业机会并推进创新发展。21世纪以来，欧盟的农村发展政策将培养青年农民、加强职业培训、推动老年农民提前退休、强化农场服务支持等作为重要措施。为解决农村人口外迁特别是青年劳动力外流问题，欧盟注意改善农民获得服务和发展机会的渠道，培育农村企业家，以确保农村区域和社区对居民生活、就业有吸引力。欧盟农业政策改革通过新的直接支付框架挂钩支持青年农民和小农户；采取重组和更新农场等措施，为青年农民提供创业援助，建立农场咨询服务系统和培训、创新项目等。欧盟强调坚持农业农村优先发展的战略导向，为此必须把推进农民优先提升技能作为战略支撑，借此为新型城镇化提供合格市民，为农业农村现代化提供合适的劳动力和农村居民。

（二）坚持农业农村优先发展

党的十九大报告中首次提出，要坚持农业农村优先发展。因为“三农”发展对促进社会稳定和谐、调节收入分配、优化城乡关系、增强经济社会活力和就业吸纳能力及抗风险能力等，可以发挥重要作用，具有较强的公共品属性。在发展市场经济条件下，“三农”发展在很大程度上呈现竞争弱势特征，容易存在市场失灵问题。因此，需要在发挥市场对资源配置起决定性作用的同时，通过更好地发挥政府作用，优先支持农业农村发展，解决好市场失灵问题。鉴于“农业农村农民问题是关系国计民生的根本性问题，必须始终把解决好‘三农’问题作为全党工作重中之重”，按照增强系统性、整体性、协同性的要求和突出抓重点、补短板、强弱项的方向，坚持农业农村优先发展应该是实施乡村振兴战略的必然要求。

学习党中央关于“坚持推动构建人类命运共同体”的思想，也有利于更好地理解坚持农业农村优先发展的重要性和紧迫性。在当今世界大发展、大变革、大调整的背景下，面对世界多极化、经济全球化、社会信息化、文化多样化深入发展的形势，“各国日益相互依存、命运与共，越来越成为你中有我、我中有你的命运共同体”。相对于全球，国内发展、城乡之间更是命运共同体，更需要“保证全体人民在共建共享发展中有更多获得感”。面对国内工农发展、城乡发展失衡的状况，用命运共同体思想指导“三农”工作和现代化经济体系建设，更应坚持农业农村优先发展，借此有效防范因城乡之间、工农之间差距过大导致社会断裂，增进社会稳定和谐。

2018 年中央一号文件将坚持农业农村优先发展作为实施乡村振兴战略的基本原则，要求“把实现乡村振兴作为全党的共同意志、共同行动，做到认识统一、步调一致，在干部配备上优先考虑，在要素配置上优先满足，在资金投入上优先保障，在公共服务上优先安排，加快补齐农业农村短板”。该文件在第 12 部分还提出，“实施乡村振兴战略是党和国家的重大决策部署，各级党委和政府要提高对实施乡村振兴战略重大意义的认识，真正把实施乡村振兴战略摆在优先位置，把党管农村工作的要求落到实处”，为此提出了六方面的具体部署。我国各级党委和政府要坚持工业农业一起抓、坚持城市农村一起抓，并把农业农村优先发展的要求落到实处，这就为我们提供了坚持农业农村优先发展的路线图和“定盘星”。那么，在实践中如何坚持农业农村优先发展？可借鉴其他国家支持中小企业的思路，同等优先地加强对农业农村发展的支持。具体地说，需要注意以下几点。

1. 以完善产权制度和要素市场化配置为重点，优先加快推进农业农村市场化改革

《国务院关于在市场体系建设中建立公平竞争审查制度的意见》提出，“公平竞争是市场经济的基本原则，是市场机制高效运行的重要基础”“统一开放、竞争有序的市场体系，是市场在资源配置中起决定性作用的基础”，要“确立竞争政策基础性地位”。为此，要通过强化公平竞争的理念和社会氛围，以及切实有效的反垄断措施，完善维护公平竞争的市场秩序，促进市场机制有效运转；也要注意科学处理竞争政策和产业政策的关系，积极促进产业政策由选择性向功能性转型，并将产业政策的主要作用框定在市场失灵领域。

为此，要通过强化竞争政策的基础地位，积极营造有利于“三农”发展，并提升其活力和竞争力的市场环境，引导各类经营主体和服务主体在参与乡村振兴的过程中公平竞争，成为富有活力和竞争力的乡村振兴参与者，甚至乡村振兴的“领头雁”。要以完善产权制度和要素市场化配置为重点，加快推进农业农村领域的市场化改革，结合发挥典型示范作用，根本改变农业农村发展中部分领域改革严重滞后于需求，或改革自身亟待转型升级的问题。如在依法保护集体土地所有权和农户承包权的前提下，如何平等保护土地经营权？目前，这方面改革亟待提速。目前对平等保护土地经营权重视不够，加大了新型农业经营主体的发展困难和风险，也影响了其对乡村振兴带动能力的提升。近年来，部分地区推动“资源变资产、资金变股金、农民变股东”的改革创新，初步取得了积极效果。但随着“三变”改革的推进，如何加强相关产权和要素流转平台建设，完善其运行机制，促进其转型升级，亟待后续改革加强跟进。

2. *加快创新相关法律法规和监管规则，优先支持优化农业农村发展环境*

通过完善法律法规和监管规则，清除不适应形势变化、影响乡村振兴的制度和环境障碍，可以降低“三农”发展的成本和风险，也有利于促进农业强、农民富、农村美。例如，近年来虽然农村宅基地制度改革试点积极推进，但实际惠及面仍然有限，严重影响农村土地资源的优化配置，导致大量宅基地闲置浪费，也加大了农村发展新产业、新业态、新模式和建设美丽乡村的困难，制约农民增收。2018 年中央一号文件已经为推进农村宅基地制度改革“开了题”，明确“完善农民闲置宅基地和闲置农房政策，探索宅基地所有权、资格权、使用权‘三权分置’……适度放活宅基地和农民房屋使用权”。这方面的政策创新较之前前进了一大步。但农村宅基地制度改革严重滞后于现实需求，导致宅基地流转限制过多、宅基地财产价值难以显性化、农民房屋财产权难以有效保障、宅基地闲置浪费严重等问题日益凸显，也加大了农村新产业、新业态、新模式发展的用地困难。

2018 年中央一号文件提出，“汇聚全社会力量，强化乡村振兴人才支撑”“鼓励社会各界投身乡村建设”，并要求“研究制定鼓励城市专业人才参与乡村振兴的政策”。但现行农村宅基地制度和农房产权制度改革还不够全面，不仅仅是给盘活闲置宅基地和农房增加了困难，影响农民财产性收入的增长；更重要的是加大了城市人口、人才“下乡”甚至农村人才“跨社区”居住特别是定居的困难，不利于缓解乡村振兴的“人才缺口”，也不利于农业农村产业更好地对接城乡消费结构升级带来的需求扩张。在部分城郊地区或发达的农村地区，甚至山清水秀、交通便捷、文化旅游资源丰厚的普通乡村地区，适度扩大农村宅基地制度改革试点范围，鼓励试点地区加快探索和创新宅基地“三权分置”办法，尤其是适度扩大农村宅基地、农房使用权流转范围，有条件地进一步向热心参与乡村振兴的非本农村集体经济组织成员开放农村宅基地或农房流转、租赁市场。这对于吸引城市或异地人才、带动城市或异地资源/要素参与乡村振兴，日益具有重要性和紧迫性，其意义远远超过增加农民财产性收入的问题，并且已经不是“看清看不清”或“尚待深入研究”的问题，而是应该积极稳健地“鼓励大胆探索”的事情。建议允许这些地区在保护农民基本居住权和“不得违规违法买卖宅基地，严格实行土地用途管制，严格禁止下乡利用农村宅基地建设别墅大院和私人会馆”[1] 的基础上，通过推进宅基地使用权资本化等方式，引导农民有偿转让富余的宅基地和农民房屋使用权，允许城乡居民包括“下乡”居住或参与乡村振兴的城市居民有偿获得农民转让的富余或闲置宅基地。

近年来，许多新产业、新业态、新模式迅速发展，对于加快农村生产方式、生活方式转变的积极作用迅速凸显。但相关政策和监管规则创新不足，成为妨碍其进一步发展的重

---

[1] 2019 年农业农村部《关于积极稳妥开展农村闲置宅基地和闲置住宅盘活利用工作的通知》。

大障碍。部分地区对新兴产业发展支持力度过大、过猛，也给农业农村产业发展带来新的不公平竞争和不可持续发展问题。此外，部分新兴产业"先下手为强""赢者通吃"带来的新垄断问题，加剧了收入分配和发展机会的不均衡。需要注意引导完善这些新兴产业的监管规则，创新和优化对新经济垄断现象的治理方式，防止农民在参与新兴产业发展的过程中，成为"分享利益的边缘人，分担成本、风险的核心层"。[1]

此外，坚持农业农村优先发展，要以支持融资、培训、营销平台和技术、信息服务等环境建设，鼓励包容发展、创新能力成长和组织结构优化等为重点，将优化"三农"发展的公共服务和政策环境放在突出地位。相对而言，由于乡村人口和经济密度低、基础设施条件差，加之多数农村企业整合资源、集成要素和垄断市场的能力弱，面向"三农"发展的服务体系建设往往难以绕开交易成本高的困扰。因此，坚持农业农村优先发展，应把加强和优化面向"三农"的服务体系建设放在突出地位，包括优化提升政府主导的公共服务体系、加强对市场化或非营利性服务组织的支持，完善相关体制机制。

坚持农业农村优先发展，还应注意以下两个方面。一是强化政府对"三农"发展的"兜底"作用，并将其作为加强社会安全网建设的重要内容。近年来，国家推动农业农村基础设施建设、持续改善农村人居环境、加强农村社会保障体系建设、加快建立多层次农业保险体系等，都有这方面的作用。二是瞄准推进农业农村产业供给侧结构性改革的重点领域和关键环节，加大引导支持力度。如积极推进质量兴农、绿色兴农，加强粮食生产功能区、主要农产品生产保护区、特色农产品优势区、现代农业产业园、农村产业融合发展示范园、农业科技园区、电商产业园、返乡创业园、特色小镇或田园综合体等农业农村发展的载体建设，更好地发挥其对实施乡村振兴战略的辐射带动作用。

（三）坚持走城乡融合发展道路

从党的十六大首次提出"统筹城乡经济社会发展"，到党的十七届三中全会提出"把加快形成城乡经济社会发展一体化新格局作为根本要求"，再到党的十九大报告首次提出"建立健全城乡融合发展体制机制和政策体系"，这种重大政策导向的演变反映了我党对加快形成新型工农城乡关系的认识逐步深化，也顺应了新时代工农城乡关系演变的新特征和新趋势，这与坚持农业农村优先发展的战略导向也是一脉相承、互补共促的。党的十九大报告将"建立健全城乡融合发展体制机制和政策体系"置于"加快推进农业农村现代化"[2]之前。这说明，建立健全城乡融合发展体制机制和政策体系，同坚持农业农村优先发展一样，也是加快推进农业农村现代化的重要手段。

近年来，随着工农、城乡之间相互联系、相互影响、相互作用不断增强，城乡之间的

---

[1] 丁瑶瑶. 中共中央、国务院印发《乡村振兴战略规划（2018—2022年）》绘就乡村振兴宏伟蓝图［J］. 环境经济，2018（18）：28—30.

[2] 出自党的十九大报告。

人口、资源和要素流动日趋频繁，产业之间的融合渗透和资源、要素、产权之间的交叉重组关系日益显著，城乡之间日益呈现“你中有我，我中有你”的发展格局。越来越多的问题，表现在“三农”，根子在城市（或市民、工业和服务业，下同）；或者表现在城市，根子在“三农”。这些问题采取“头痛医头、脚痛医脚”的办法越来越难解决，越来越需要创新路径，通过“头痛医脚”的办法寻求治本之道。因此，建立健全城乡融合发展的体制机制和政策体系，走城乡融合发展之路，越来越成为实施乡村振兴战略的当务之急和战略需要。借此，按照推进新型工业化、信息化、城镇化、农业现代化同步发展的要求，加快形成以工促农、以城带乡、工农互惠、城乡共荣、分工协作、融合互补的新型工农城乡关系。那么，如何坚持城乡融合发展道路，建立健全城乡融合发展的体制机制和政策体系呢？

1. 同以城市群为主体构建大中小城市和小城镇协调发展的城镇格局衔接

在当前发展格局下，尽管中国在政策上仍然鼓励“加快培育中小城市和特色小城镇，增强吸纳农业转移人口能力”[1]。但农民工进城仍以流向大中城市和特大城市为主，流向县城和小城镇的极其有限。这说明，当前中国大城市、特大城市仍然具有较强的集聚经济、规模经济、范围经济效应，且其就业、增收和其他发展机会更为密集；至于小城镇，就总体而言，情况正好与此相反。因此，在今后相当长的时期内，顺应市场机制的自发作用，优质资源、优质要素和发展机会向大城市、特大城市集中仍是难以根本扭转的趋势。但是，也要看到，这种现象的形成加剧了区域、城乡发展失衡问题，给培育城市群功能、优化城市群内部不同城市之间的分工协作和优势互补关系以及加强跨区域生态环境综合整治等增加了障碍，不利于疏通城市人才、资本和要素下乡的渠道，不利于发挥城镇化对乡村振兴的辐射带动作用。

上述现象的形成，同当前的政府政策导向和资源配置过度向大城市、特大城市倾斜也存在很大关系，由此带动全国城镇体系结构重心上移，突出表现在两个方面：一是政府在重大产业项目、信息化和交通路网等重大基础设施、产权和要素交易市场等重大平台的布局，在公共服务体系建设投资分配、获取承办重大会展和体育赛事等机会分配方面，大城市、特大城市往往具有中小城市无法比拟的优势；二是许多省区强调省会城市经济首位度不够是其发展面临的突出问题，致力于打造省会城市经济圈，努力通过政策和财政金融等资源配置的倾斜，提高省会城市的经济首位度。这容易强化大城市、特大城市的极化效应，弱化其扩散效应，影响其对“三农”发展辐射带动能力的提升，制约以工促农、以城带乡的推进。许多大城市、特大城市的发展片面追求“摊大饼式扩张”，制约其实现集约型、紧凑式发展水平和创新能力的提升，容易“稀释”其对周边地区和“三农”发展的辐

[1] 出自：中华人民共和国国民经济和社会发展第十三个五年（2016—2020年）规划纲要，根据《中共中央关于制定国民经济和社会发展第十三个五年规划的建议》。

射带动能力，甚至会挤压周边中小城市和小城镇的发展空间，制约周边中小城市、小城镇对“三农”发展辐射带动能力的成长。

随着农村人口转移进城规模的扩大，乡—城之间通过劳动力就业流动，带动人口流动和家庭迁移的格局正在加快形成。在这种背景下，过度强调以大城市、特大城市为重点吸引农村人口转移，也会因大城市、特大城市高昂的房价和生活成本，加剧进城农民工或农村转移人口融入城市、实现市民化的困难，容易增加进城后尚待市民化人口与原有市民的矛盾，影响城市甚至城乡社会的稳定和谐。

因此，应按照统筹推进乡村振兴和新型城镇化高质量发展的要求，加大国民收入分配格局的调整力度，深化相关改革和制度创新，在引导大城市、特大城市加快集约型、紧凑式发展步伐，并提升城市品质和创新能力的同时，引导这些大城市、特大城市更好地发挥区域中心城市对区域发展和乡村振兴的辐射带动作用。要结合引导这些大城市、特大城市疏解部分非核心、非必要功能，引导周边卫星城或其他中小城市、小城镇增强功能特色，形成错位发展、分工协作新格局，借此培育特色鲜明、功能互补、融合协调、共生共荣的城市群。这不仅有利于优化城市群内部不同城市之间的分工协作关系，提升城市群系统功能和网络效应；而且有利于推进跨区域性基础设施、公共服务能力建设和生态环境综合整治，为城市人才、资本、组织和资源等要素下乡参与乡村振兴提供便利，有利于更好地促进以工哺农、以城带乡和城乡融合互补，增强城市化、城市群对城乡、区域发展和乡村振兴的辐射带动功能，帮助农民增加共商共建共享发展的机会，提高农村共享发展水平。实际上，随着高铁网、航空网和信息网建设的迅速推进，网络经济的去中心化、去层级化特征，也会推动城市空间格局由单极化向多极化和网络化演进，凸显发展城市群、城市圈的重要性和紧迫性。

为更好地增强区域中心城市特别是城市群对乡村振兴的辐射带动力，要通过公共资源配置和社会资源分配的倾斜引导，加强链接周边的城际交通、信息等基础设施网络和关键结点、连接线建设，引导城市群内部不同城市之间完善竞争合作和协同发展机制，强化分工协作、增强发展特色、加大生态共治，并协同提升公共服务水平。要以完善产权制度和要素市场化配置为重点，以激活主体、激活要素、激活市场为目标导向，推进有利于城乡融合发展的体制机制改革和政策体系创新，着力提升城市和城市群开放发展、包容发展水平和辐射带动能力。要加大公共资源分配向农业农村的倾斜力度，加强对农村基础设施建设的支持。与此同时，通过深化制度创新，引导城市基础设施和公共服务能力向农村延伸，加强以中心镇、中心村为结点，城乡衔接的农村基础设施、公共服务网络建设。要通过深化改革和政策创新以及推进“三农”发展的政策转型，鼓励城市企业或涉农龙头企业同农户、农民建立覆盖全程的战略性伙伴关系，完善利益联结机制。

2. 积极发挥国家发展规划对乡村振兴的战略导向作用

党的十九大报告要求“着力构建市场机制有效、微观主体有活力、宏观调控有度的经济体制”，要求“创新和完善宏观调控，发挥国家发展规划的战略导向作用”。当前，《乡村振兴战略规划（2018—2022年）》正处于紧锣密鼓的编制过程中。要结合规划编制和执行，加强对各级各类规划的统筹管理和系统衔接，通过部署重大工程、重大计划、重大行动，加强对农业农村发展的优先支持，鼓励构建城乡融合发展的体制机制和政策体系。在编制和实施乡村振兴规划过程中，要结合落实主体功能区战略，贯彻中央关于“强化乡村振兴规划引领”的决策部署，促进城乡国土空间开发的统筹，注意发挥规划对统筹城乡生产空间、生活空间、生态空间的引领作用，引导乡村振兴优化空间布局，统筹乡村生产空间、生活空间和生态空间。今后大量游离于城市群之外的小城市、小城镇很可能趋于萎缩，其发展机会很可能迅速减少，优化乡村振兴的空间布局应该注意这方面。

要注意突出重点、分类施策，在引导农村人口和产业布局适度集中的同时，将中心村、中心镇、小城镇和粮食生产功能区、重要农产品生产保护区、特色农产品优势区、现代农业产业园、农村产业融合发展示范园、农业科技园区、电商产业园、返乡创业园、特色小镇或田园综合体等，作为推进乡村振兴的战略结点。我国实施乡村振兴战略要坚持乡村全面振兴，但这并不等于说所有乡、所有村都要实现振兴。从法国的经验中可见，在推进乡村振兴的过程中，找准重点、瞄准薄弱环节和鼓励不同利益相关者参与，都是至关重要的。此外，建设城乡统一的产权市场、要素市场和公共服务平台，也应在规则统一、环境公平的前提下，借鉴政府扶持小微企业发展的思路，通过创新“同等优先”机制，加强对人才和优质资源向农村流动的制度化倾斜支持，缓解市场力量对农村人才和优质资源的“虹吸效应”。

3. 完善农民和农业转移人口参与发展、培训提能机制

推进城乡融合发展，关键要通过体制机制创新：一方面，帮助农村转移人口降低市民化的成本和门槛，让农民获得更多且更公平、更稳定、更可持续的发展机会和发展权利；另一方面，增强农民参与新型城镇化和乡村振兴的能力，促进农民更好地融入城市或乡村发展。要以增强农民参与发展能力为导向，完善农民和农业转移人口培训提能支撑体系，为乡村振兴提供更多新型职业农民和高素质人口，为新型城镇化提供更多的新型市民和新型产业工人。要结合完善利益联结机制，注意发挥新型经营主体、新型农业服务主体带头人的示范带动作用，促进新型职业农民成长，带动普通农户更好地参与现代农业发展和乡村振兴。要按照需求导向、产业引领、能力本位、实用为重的方向，加强统筹城乡的职业教育和培训体系建设，通过政府采购公共服务等方式，加强对新型职业农民和新型市民培训能力建设的支持。要创新政府支持方式，支持政府主导的普惠式培训与市场主导的特惠式培训分工协作、优势互补。鼓励平台型企业和市场化培训机构在加强新型职业农民和新型市民培训中发挥中坚作用。另外，要结合支持创新创业，加强人才实训基地建设，健全以城带乡的农村人力资源保障体系。

4. 加强对农村一、二、三产业融合发展的政策支持

推进城乡融合发展，要把培育城乡有机结合、融合互动的产业体系放在突出地位。推

进农村一、二、三产业融合发展，有利于发挥城市企业、城市产业对农村企业、农村产业发展的引领带动作用。要结合加强城市群发展规划，创新财税、金融、产业、区域等支持政策，引导农村产业融合，优化空间布局，强化区域分工协作、发挥城市群和区域中心城市对农村产业融合的引领带动作用。要创新农村产业融合支持政策，引导农村产业融合发展统筹处理服务市民与富裕农民、服务城市与繁荣农村、增强农村发展活力与增加农民收入、推进新型城镇化与建设美丽乡村的关系。鼓励科技人员向科技经纪人和富有创新能力的农村产业融合企业家转型。注意培育企业在统筹城乡发展、推进城乡产业融合中的骨干作用，努力营造产业融合发展，带动城乡融合发展新格局，鼓励商会、行业协会和产业联盟在推进产业融合发展中增强引领带动能力。

第二章　乡村振兴背景下城市化乡村发展

第一节　乡村振兴战略规划概述

乡村振兴战略规划是基础和关键，其作用是为实施乡村振兴战略提供重要保障。同时，在编制乡村振兴战略规划应把握以下几个方面的重点。

一、乡村振兴战略规划的作用与功能

（一）乡村振兴战略规划的作用

1. 为实施乡村振兴战略提供重要保障

中央政治局会议在审议国家《乡村振兴战略规划（2018—2022年）》时指出，要抓紧编制乡村振兴规划和专项规划。制定乡村振兴战略规划，明确总体思路、发展布局、目标任务、政策措施，有利于发挥集中力量办大事的社会主义制度优势；有利于凝心聚力，统一思想，形成工作合力；有利于合理引导社会共识，广泛调动各方面的积极性和创造性。

2. 是实施乡村振兴战略的基础和关键

2018年中央一号文件提出，实施乡村振兴战略要实行中央统筹、省负总责、市县抓落实的工作机制。编制一个立足全局、切合实际、科学合理的乡村振兴战略规划，有助于充分发挥融合城乡的凝聚功能，统筹合理布局城乡生产、生活、生态空间，切实构筑城乡要素双向流动的体制机制，培育发展动能，实现农业农村高质量发展。制定出台乡村振兴战略规划，既是实施乡村振兴战略的基础和关键，又是有力有效的工作抓手。当前，编制各级乡村振兴规划迫在眉睫。国家乡村振兴战略规划即将出台，省级层面的乡村振兴战略规划正在抓紧制定，有的省份已经出台；各地围绕乡村振兴战略都在酝酿策划相应的政策和举措，有的甚至启动了一批项目；全国上下、社会各界特别是在农业农村一线工作的广大干部职工和农民朋友都对乡村振兴充满期待，以上这些都迫切要求各地尽快制定乡村振兴规划：一方面与国家和省级乡村振兴战略规划相衔接；另一方面统领本县域乡村振兴各

项工作扎实有序开展。

3. 有助于整合和统领各专项规划

乡村振兴涉及产业发展、生态保护、乡村治理、文化建设、人才培养等诸多方面，相关领域或行业都有相应的发展思路和目标任务，有的已经编制了专项规划，但难免出现内容交叉、不尽协调等问题。通过编制乡村振兴规划，在有效集成各专项和行业规划的基础上，对乡村振兴的目标、任务、措施做出总体安排，有助于统领各专项规划的实施，切实形成城乡融合、区域一体、多规合一的规划体系。

4. 有助于优化空间布局，促进生产、生活、生态协调发展

长期以来，我国农业综合生产能力不断提升，为保供给、促民生、稳增长做出重要贡献，但在高速发展的同时，农业农村生产、生活、生态不相协调的问题日益突出，制约了农业高质量发展。通过编制乡村振兴规划，全面统筹农业农村空间结构，优化农业生产布局，有利于推动形成与资源环境承载力相匹配、与村镇居住相适宜、与生态环境相协调的农业发展格局。

5. 有助于分类推进村庄建设

随着农业农村经济的不断发展，村庄建设、农民建房持续升温，农民的居住条件明显改善，但“千村一面”的现象仍然突出。通过编制乡村振兴规划，科学把握各地地域特色、民俗风情、文化传承和历史脉络，不搞“一刀切”、不搞统一模式，有利于保护乡村的多样性、差异性，打造各具特色、不同风格的美丽乡村，从整体上提高村庄建设质量和水平。

6. 有助于推动资源要素合理流动

长期以来，受城乡二元体制机制约束，劳动力、资金等各种资源要素不断向城市聚集，造成农村严重“失血”和“贫血”。通过编制乡村振兴规划，贯彻城乡融合发展要求，抓住钱、地、人等关键要素，谋划有效举措，打破城乡二元体制壁垒，促进资源要素在城乡之间合理流动、平等交换，有利于改善农业农村发展条件，加快补齐发展“短板”。

（二）乡村振兴战略规划的功能

乡村在其成长过程中，始终沿着两个维度发展：一个维度是适应乡村生产，另一个维度是方便乡村生活。在此基础上衍生出乡村的生产价值、生活价值、生态价值、社会价值、文化价值等，维系着乡村的和谐与可持续发展。乡村振兴不是要另起炉灶建设一个新村，而是要在尊重乡村固有价值基础上使传统的乡村价值得以提升。乡村振兴战略的目标，无论是产业兴旺、生态宜居，还是乡风文明、治理有效、生活富裕，只有在遵循乡村价值的基础上才能获得事半功倍的效果，脱离乡村价值体系的项目投入多数会因难以融入乡村体系而成为项目“孤岛”。因此，发现和科学认识乡村价值是乡村振兴战略规划的前提。

1. 生产与经济价值功能

一方面，乡村为耕地保护、土地综合利用、精耕细作提供了条件；另一方面，乡村通过发展种植业和养殖业，为农民生产与生活能量循环提供保障。正是有乡村的存在，才有循环农业文化的传承和发展。乡村也为庭院经济、乡村手工业得以存在和发展提供空间。村落形态与格局、田园景观、乡村文化与村民生活连同乡村环境一起构成重要的乡村产业资源。近些年来，乡村旅游、特色农业的发展，既验证了绿水青山就是金山银山的理念，也充分体现了乡村的存在是产业兴旺和农民生活富裕的基础。产业兴旺一定是多业并举，种植业、养殖业、手工业和乡村休闲旅游业等都只有在乡村这个平台上才能满足人们对美好生活的需求，实现真正的产业融合。

2. 生态与生活价值功能

乡村作为完整的复合生态系统，以村落地域为空间载体，将村落的自然环境、经济环境和社会环境通过物质循环、能量流动和信息传递等机制，综合作用于农民的生产生活。乡村的生态价值不仅在于乡村坐落于青山绿水之间的怡人村落环境，更主要体现在乡村内部所具有的生态文明系统：天人合一的理念，维系着人与自然的和谐，体现着劳动人民尊重自然、利用自然的智慧；目的性消费方式减少了人们对市场的依赖，因农民需要而维系了生物多样性；与大自然节拍相吻合的慢生活节奏，被认为是有利于身心健康的生活方式；低碳的生活传统，种养结合，生产与生活循环体系等，构成了乡村独特的生态系统和生态文化，凸显着劳动人民充分利用乡村资源的生存智慧。乡村的宜居环境不仅包括村落环境、完善的基础设施和舒适的民宅建设，而且包括和谐的邻里关系与群体闲暇活动，为人们带来了精神的愉悦。正因如此，乡村被认为是理想的养生、养老、养心社区。在乡村建设实践中如果忽视乡村生态价值，盲目模仿城市建设模式，就会导致循环农业链中断，乡村垃圾问题凸显，乡村人与环境、人与资源问题突出。

3. 文化与教化价值功能

文化与教化价值是乡村治理和乡风文明的重要载体。中国乡村文化不仅表现在山水风情自成一体，特色院落、村落、田园相得益彰，更重要地表现在乡村所具有的信仰、道德，所保存的习俗和所形成的品格。特别是诸如耕作制度、农耕习俗、节日时令、地方知识和生活习惯等活态的农业文化，无不体现着人与自然和谐发展的生存智慧。在食品保障、原料供给、就业增收、生态保护、观光休闲、文化传承、科学研究等方面均具有重大价值。同时，我们必须认识到尊老爱幼、守望相助、诚实守信、邻里和睦等优秀传统，是乡风文明建设和乡村有效治理的重要文化资源。农事活动、熟人交往、节日庆典、民俗习惯、地方经验、民间传统、村落舆论、村规民约、示范与模仿等，都是维系村落价值系统的重要载体，不断强化人们的行为规范，而且是以润物细无声的形式深入人们的内心世界，内化为行为准则。

乡村振兴战略规划若缺乏对乡村特点和价值体系的认识，其结果自然难以适应农民的生产与生活，更谈不上传承优秀传统文化。因此，乡村振兴规划要以乡村价值系统为基础，善于发现乡村价值，探索提升乡村价值的途径。乡村价值的提升：一方面可以通过乡村价值放大来实现，如发展地方特色种植业、养殖业和手工业，这种产业具有鲜明的地域特色，不可复制和替代，凸显其地方特色与品牌价值，也可以通过农业和乡村功能的扩展，实现其经济价值；另一方面赋予乡村体系以新的价值和功能，如发展文旅农融合产业，把乡村生态、生活、教育等价值转变成财富资源，发展乡村休闲、观光、体验等新兴产业。乡村振兴欢迎外来力量的介入，外来人可以帮助乡村发现其特有价值，并利用乡村价值为乡村造福。外来资金可以帮助乡村做想做而做不成的事情，为乡村注入新的动力。但是需要强调的是，无论外来的人才还是外来资金都不能取代农民的主体地位，不能削弱乡村主体性。只有在充分尊重农民主体地位和乡村价值体系的基础上，乡村振兴的各项目标才能实现。

二、编制乡村振兴战略规划应把握的重点

（一）发挥国家规划的战略导向作用

为协调处理发挥国家规划战略导向作用与增强地方规划发挥指导作用及时性的矛盾，建议各地尽早启动乡村振兴规划编制的调研工作，并在保证质量的前提下，尽早完成规划初稿。待国家规划发布后，再进一步做好地方规划初稿和国家规划的对接工作。县级规划还要待省、地市规划发布后，再尽快做好对接协调工作。按照这种方式编制的地方规划，不仅可以保证国家规划能够结合本地实际更好地落地，而且可以为因地制宜地推进乡村振兴的地方实践及时发挥具体行动指南的作用。当然，在此过程中，为提高地方乡村振兴规划的编制质量，要始终注意认真学习党的十九大精神和党中央关于实施乡村振兴战略、关于建设现代化经济体系的一系列论述和决策部署，并结合本地实际进行创造性转化和探索。

发挥国家规划的战略导向作用，还要拓宽视野，注意同国家相关重大规划衔接起来，尤其要注意以战略性、基础性、约束性规划为基础依据。如国家和省级层面的新型城镇化规划，应是编制地方乡村振兴战略规划的重要参考。党的十九大报告要求，“以城市群为主体构建大中小城市和小城镇协调发展的城镇格局，加快农业转移人口市民化”。在乡村振兴规划的编制和实施过程中，要结合增进同新型城镇化规划的协调性，更好地引领和推进乡村振兴与新型城镇化“双轮驱动”，更好地建设彰显优势、协调联动的城乡区域发展体系，为建设现代化经济体系提供扎实理论支撑。

特别需要注意的是，各部门、各地区在编制乡村振兴战略规划时，必须高度重视以国家和省级主体功能区规划作为基本依据。国务院印发的《全国主体功能区规划》，是我国国土空间开发的战略性、基础性和约束性规划，将我国国土空间按照开发方式分为优化开发区域、重点开发区域、限制开发区域和禁止开发区域等主体功能区，按照开发内容分为

城市化地区、农产品主产区和重点生态功能区等主体功能区。

（二）提升规划的战略思维

2018年中央一号文件提出，要求制定的是《乡村振兴战略规划（2018—2022年）》，与一般规划有所不同的是，规划名称包括“战略”二字；尽管这是一个五年规划，但对到2035年基本实现社会主义现代化，到21世纪中叶建成富强民主文明和谐美丽的社会主义现代化强国时，我国实现乡村振兴战略的远景也会进行战略谋划，甚至在中央一号文件中对于到2035年、2050年推进乡村振兴的目标任务都有所勾勒。中央农村工作会议要求，“实施乡村振兴战略是一项长期的历史性任务，要科学规划、注重质量、从容建设，不追求速度，更不能刮风搞运动”。2018年中央一号文件进一步要求实施乡村振兴战略要“既尽力而为，又量力而行，不搞层层加码，不搞‘一刀切’，不搞形式主义，久久为功，扎实推进”。可见，在编制乡村振兴规划的过程中，要特别注意体现其战略性，做好突出战略思维的大文章，强调乡村振兴战略规划以“战略规划”冠名，应该更加重视战略思维。

重视战略思维，首先要注意规划的编制和实施过程更多的不是“按既定方针办”，而是要追求创新、突破和超越，要科学把握“面向未来、吸收外来、扬弃以来”的关系，增强规划的前瞻性。许多人在制订战略规划时，习惯于惯性思维，从现在看未来，甚至从过去看现在，首先考虑当前的制约和短期的局限，“这不能干”“那很难办”成为“口头禅”，或者习惯按照过去的趋势推测未来，这在设计规划指标的过程中最明显。这不是战略，充其量只能算战术或推算，算可行性分析。按照这种方式编制规划，本身就是没有太大意义的事。按照这种思维方式考虑规划问题，很容易限制战略或规划制定者的想象力，束缚其思维空间，形成对未来发展的悲观情绪和消极心理，导致规划实施者或规划的利益相关者对未来发展畏首畏尾，难以办成大事，也容易导致大量发展机会不知不觉地“溜走”或流失。

战略需要大思维、大格局、大架构，战略制定者需要辩证思维、远景眼光。当然，此处的“大”绝非虚空，而是看得见、摸得着，经过不懈努力最终能够实现。真正的战略不是从过去看未来，而是逆向思维，从未来的终局看当前的布局，从未来推导现在，根据未来的战略方向决定当前如何行动，好的规划应该富有这种战略思维。因此，好的战略规划应该具备激发实施者、利益相关者信心的能力，能够唤醒其为实现战略或规划目标努力奋斗的“激情”和“热情”。好的战略规划，往往基于未来目标和当前、未来资源支撑能力的差距，看挖潜改造的方向，看如何摆脱资源、要素的制约，通过切实有效的战略思路、战略行动和实施步骤，不断弥合当前可能和未来目标的差距。借此拓展思维空间，激活发展动能，挖掘发展潜力。战略分析专家王成在他的《战略罗盘》一书中提出：“惯性地参照过去是人们给自己设置的最大障碍。战略就是要摆脱现有资源的限制，远大的战略抱负一定是与现有的资源和能力不对称的。”[1] 战略就是要“唤起水手们对辽阔大海的渴望”

---

[1] 王成. 战略罗盘 修订版［M］. 北京：中信出版社，2018.

"战略意图能为企业带来情感和理性上的双重能量"，有些富有战略远见的企业家提出，"有能力定义未来，才能超越战争"。用这些战略思维编制乡村振兴战略规划，实施乡村振兴战略才更有价值。

好的战略意图要给人带来方向感、探索感和共同的命运感。方向感很容易理解，但从以往的实践来看，有些地方规划的战略思维不够，难以体现战略性要求。要通过提升规划的战略思维，描绘未来规划发展的蓝图和目标，告诉人们规划的未来是什么，我们想要努力实现的规划图景如何？为了实现这种规划图景，今天和明天我们应该怎么做？鉴于规划的未来和当前的现实之间可能存在巨大的资源、要素和能力缺口，应该让规划的实施者想方设法努力实现这些规划的未来目标，形成探索感。如果把规划的未来目标比作吃到树上可口的苹果，那么这个苹果不是伸手可及的，应是经过艰苦、卓越的努力能吃到的。那么，怎么努力？是站个板凳去摘，还是跳着去摘？要通过博采众智、集思广益，创新规划实施手段去实现这种努力。探索感就是要唤起参与者、组织者的创新创业精神和发展潜能，发现问题，迎难而上，创造性地解决；甚至在探索解决问题的过程中，增强创造性解决问题的能力。共同的命运感就是要争取参与者和组织者成为命运共同体，形成共情效应，努力产生"风雨同舟，上下齐心"的共鸣。如在编制和实施乡村振兴战略的过程中，要注意在不同利益相关者之间形成有效的利益联结机制，激励大家合力推进乡村振兴，让广大农民和其他参与者在共商共建过程中有更多获得感，实现共享共赢发展。

重视规划的战略思维，要在规划编制和实施过程中，统筹处理"尽力而为"与"量力而行"、增强信心与保持耐心的关系，协调处理规划制订、实施紧迫性与循序渐进的关系。在中央农村工作会议要求"科学规划、注重质量、从容建设，不追求速度，更不能刮风搞运动"；2018年中央一号文件要求实施乡村振兴战略要"做好顶层设计，注重规划先行""久久为功，扎实推进"，说的都是这个道理。任正非提出"在大机会时代，千万不要机会主义，要有战略耐性"。[1] 在编制和实施乡村振兴战略规划的过程中也是如此。

重视规划的战略思维，还要注意增强乡村振兴规划的开放性和包容性。增强规划的开放性，要注意提升由外及内的规划视角，综合考虑外部环境变化、区域或城乡之间竞争—合作关系演变、新的科技革命和产业革命，甚至交通路网、信息网发展和转型升级对本地区本部门实施乡村振兴战略的影响，规避因规划的战略定位简单雷同、战略手段模仿复制，导致乡村振兴区域优势和竞争特色的弱化，进而带来乡村振兴的低质量发展。增强规划的包容性，不仅要注意对不同利益相关者的包容，注意调动一切积极因素参与乡村振兴；而且要注意区域之间、城乡之间发展的包容，积极引导部门之间、区域之间、城乡之间加强乡村振兴的合作。如在推进乡村产业兴旺过程中，引导区域之间联合打造区域品牌，合作打造公共服务平台、培育产业联盟等。实际上，增强乡村振兴规划的开放性和包

---

[1] 刘洪．任正非的格局［J］．中国海关，2019（6）：78—79．

容性，也有利于推进乡村产业振兴、人才振兴、文化振兴、生态振兴和组织振兴“一起上”，更好地坚持乡村全面振兴，增进乡村振兴的协同性、关联性和整体性，统筹提升乡村的多种功能和价值，要注意在开放、包容中，培育乡村振兴的区域特色和竞争优势。

（三）丰富网络经济视角

当今世界，随着全球化、信息化的深入推进，网络经济的影响日益深化和普遍化。根据梅特卡夫法则，网络的价值量与网络节点数的平方成正比。换句话说，如果网络中的节点数以算术级速度增长，网络的价值就会以指数级速度增长。与此相关的是，新网络用户的加入往往导致所有用户的价值都会迅速提升；网络用户的增多，会导致网络价值迅速膨胀，并进一步带来更多新的用户，产生正向反馈循环。网络会鼓励成功者取得更大成功。这就是网络经济学中的“回报递增”。如果说传统社会更关注对有形空间的占有和使用效率，那么，网络社会更关注价值节点的分布和链接，在这里“关系甚至比技术质量更重要”。按照网络经济思维，要注意把最适合的东西送到最适合的人手中，促进社会资源精准匹配。

随着交通路网特别是高铁网、航空网和信息网络基础设施的发展，在实施乡村振兴战略的过程中，如何利用网络效应、培育网络效应的问题迅速凸显出来。任何网络都有节点和链接线两类要素，网络功能是二者有机结合、综合作用的结果。在实施乡村振兴战略的过程中，粮食生产功能区、重要农产品生产保护区、特色农产品优势区、农村产业融合示范园、中心村、中心镇等载体都可以看作推进乡村振兴的网络节点，交通路网基础设施、信息网络基础设施都可以看作推进乡村振兴的链接线，也可以把各类新型经营主体、各类社会组织视作推进乡村振兴的网络节点，把面向新型经营主体或各类社会组织的服务体系看作链接线；把产业兴旺、生态宜居、乡风文明、治理有效、生活富裕五大维度，或乡村产业振兴、人才振兴、文化振兴、生态振兴、组织振兴五大振兴作为推进乡村振兴的网络节点，把推进乡村振兴的体制机制、政策环境或运行生态建设作为链接线，这也是一种分析视角。在实施乡村振兴战略的过程中，部分关键性节点或链接线建设，对于推进乡村振兴的高质量发展，可能起着画龙点睛的作用，在编制乡村振兴战略规划的过程中需要高度重视这一点。

如果推进乡村振兴的不同节点之间呈现互补关系，那么，推进乡村振兴的重大节点项目建设或工程、行动，在未形成网络效应之前，部分项目、工程、行动的单项直接效益可能不高，但待网络轮廓初显后，就可能在这些项目或工程、行动之间形成日趋紧密、不断增强的资源、要素、市场或环境联系，达到互为生态、相互烘托、互促共升的效果，产生日益重大的经济、社会、生态、文化价值，带动乡村功能价值的迅速提升，甚至在此背景下，对少数关键性节点或链接线建设的投资或支持，其重点也应从追求项目价值最大化转向追求网络价值最大化。当然，如果推进乡村振兴的不同节点或链接线之间呈现互斥关系，则部分关键性节点或链接线建设的影响，可能正好相反，要防止其导致乡村价值迅速贬值。

在乡村振兴规划的编制和实施过程中，培育网络经济视角，对于完善乡村振兴的规划布局，更好地发挥新型城镇化或城市群对乡村振兴的引领、辐射、带动作用具有重要意义。2017年中央经济工作会议提出，要“提高城市群质量，推进大中小城市网络化建设，增强对农业转移人口的吸引力和承载力”。要注意通过在城市群内部培育不同类型城市之间错位发展、分工协作、优势互补、网络发展新格局，带动城市群质量的提高，更好地发挥城市群对解决工农城乡发展失衡、“三农”发展不充分问题的辐射带动作用。也要注意引导县城和小城镇、中心村、中心镇、特色小镇甚至农村居民点、农村产业园或功能区，增进同所在城市群内部区域中心城市（镇）之间的分工协作和有机联系，培育网络发展新格局，为带动提升乡村功能价值创造条件。

要结合培育网络经济视角，在乡村振兴规划的编制和实施过程中，加强对乡村振兴的分类施策。部分乡村能够有效融入所在城市群，或在相互之间能够形成特色鲜明、分工协作、优势互补、网络发展新关联，应积极引导其分别走上集聚提升型、城郊融合型、卫星村镇型、特色文化或景观保护型、向城市转型等不同发展道路。部分村庄日益丧失生存发展的条件，或孤立于所在城市群或区域性的生产生活网络，此类村庄的衰败虽然是难以根本扭转的趋势，但是可以为总体上推进乡村振兴创造更好的条件。如果不顾条件，盲目要求此类乡村实现振兴，将会付出巨大的经济社会或生态文化代价，影响乡村振兴的高质量发展和可持续发展。

此外，用网络经济视角编制和实施乡村振兴规划，还要注意统筹谋划农村经济建设、政治建设、文化建设、社会建设、生态文明建设和党的建设，提升乡村振兴的协同性、关联性，加强对乡村振兴的整体部署，完善乡村振兴的协同推进机制。按照网络经济视角，链接大于拥有，代替之前的“占有大于一切”。因此，在推进乡村振兴过程中，要注意通过借势发展带动造势发展，创新“不求所有，但求所用”方式，吸引位居城市的领军企业、领军人才参与和引领乡村振兴，更好地发挥“四两拨千斤”的作用。这样也有利于促进乡村振兴过程中的区域合作、部门合作、组织合作和人才合作，用开放、包容的理念，推进乡村振兴过程中资源、要素和人才质量的提升。

（四）把编制规划作为撬动体制机制改革深入推进的杠杆

在实施乡村振兴战略的过程中，推进体制机制改革和政策创新具有关键性影响。有人说，实施乡村振兴战略，关键是解决“人、地、钱”的问题。先不评论这种观点，但解决“人、地、钱”的问题关键又在哪里？还是体制机制改革问题。所以，中央一号文件特别重视强化乡村振兴的制度性供给。在编制乡村振兴战略规划的过程中，提出推进体制机制改革、强化乡村振兴制度性供给的思路或路径固然是重要的，但采取有效措施，围绕深化体制机制改革提出一些切实可行的方向性、目标性要求，把规划的编制和实施转化为撬动体制机制改革深入推进的杠杆，借此唤醒系列、连锁改革的激发机制，对提升规划质量、推进乡村振兴的高质量发展更有重要意义，正如“授人以鱼不如授人以渔”一样。

如有些经济发达、被动城市化的原农村地区，原来依托区位交通优势，乡村工商业比较发达，城市化推进很快。但长期不重视统筹城乡规划，导致民居和乡村产业园区布局散、乱、杂，乡村产业园改造和城中村治理问题日趋突出，其主要表现是乡村产业园甚至农村民居错乱分布，环境污染和生态破坏问题加重，消防、安全等隐患日趋严重和突出，成为社会治理的难点和广受关注的焦点；农村能人强势与部分乡村基层党建弱化的矛盾时有发生；乡村产业园区分散布局、转型缓慢，并难以有效融入区域现代化经济体系建设的问题日益突出。在这些地区，新型城镇化与乡村振兴如何协调，“三农”发展的区域分化与乡村振兴如何有效实现分类施策？这些问题怎么处理？在现有格局下解决问题的难度已经很大。但由于这些地区经济发达，城乡居民收入和生活水平比较高，很容易形成“温水煮青蛙”的格局。村、村民小组和老百姓的日子比较好过，难以形成改变现状的冲动和危机意识；加之改变现状的难度很大，很容易让人形成“得过且过”“过一天是一天”的思维方式。但长远的问题和隐患可能越积越多，等有朝一日猛然惊醒了，再想着解决问题，可能为时已晚或难度更大。比如，有的城郊村，之前有大量外来资本租厂房发展工商业，也带动了大量外来务工人员租房居住。但随着市场需求变化和需求结构升级，许多传统工商业日益难以为继，亟待转型升级，甚至被迫破产倒闭或转移外迁，导致村民租金收入每况愈下。

在这些地区，不仅产业结构要转型升级，人口、经济甚至民居、产业园的布局方式也亟待转型升级。无论是发展先进制造业，还是发展服务业，都要求在空间布局上更加集中集聚，形成集群集约的发展态势。在这些地区，有些乡村目前可能感觉还不错，似乎规划部门给它的新上项目“松”个口子，前景就会很好。从长远来看，实际情况可能不是这样。规划部分给它“松”个口子，乡村暂时的日子可能好过点儿，但只能说是“苟延残喘”一段时间，今后要解决问题的难度更大，因为“沉没成本”更大了。还有前述生态问题、乡村治理问题，包括我们党组织怎么发挥作用的问题，越早重视越主动，越晚越被动。许多问题如果久拖不决，未来的结果很可能是下列三种结果之一。

第一种结果是慢慢把问题拖下去。但是，越不想改变现状，越对改变现状有畏难情绪，时间长了解决问题的难度就越大，也就越难以解决。这种结果对地方经济社会发展的长期负面影响更大，更容易因为当前治理的犹豫不决，导致未来发展问题的积重难返，甚至根深蒂固。当然，这很可能要到若干年后，问题才会充分暴露出来。第二种结果是有朝一日，环保、治安、消防、党建等问题引起居民强烈不满或媒体关注，或上级考核发出警告，导致政府不得不把其当作当务之急。第三种结果是发生类似火灾、爆炸伤人等恶性安全事故，不得不进行外科大手术式治理，但这种结果的代价可能太惨烈。

显然，这三种结果都不是理想结果，都有很大的后遗症。第二种、第三种结果对地方党政领导人的负面影响很大。在这些地区，乡村产业园改造和城中村治理问题不解决好，这三大攻坚战都难以打好，甚至会加重重大风险、城中村贫困、污染严重化等问题。

但解决上述问题难度很大，仅靠一般性的加强政策甚至投入支持，无异于画饼充饥，亟待在各级政府高度重视解决问题紧迫性的基础上，通过加强相关综合改革的试点试验和推广工作，为解决这些复杂严峻的区域乡村振兴问题探索新路。2018 年中央一号文件要求“做好农村综合改革、农村改革试验区等工作”，应加强对这些地区的支持，鼓励其以加强城中村、乡村产业园治理或其他具有区域代表性的特色问题治理为重点，开展农村综合改革和农村改革试验区工作。也可鼓励这些地区直接创建“城乡融合发展体制机制改革试验区”,[1] 率先探索、推进城乡融合发展的体制机制和政策创新。

我国要走中国特色社会主义乡村振兴道路，重点围绕各地区乡村振兴亟待解决的重大难点问题，组织相关体制机制改革和政策创新的试验，这也是为形成具有区域特色的乡村振兴道路探索了一条新路。推进乡村振兴，每个地方都应走有区域特色的乡村振兴道路。中国特色的社会主义乡村振兴道路，应该是由各地富有区域特色的乡村振兴道路汇聚而成的。

（五）加强规划精神和典型经验的宣传推广

为强化乡村振兴的规划引领，加强规划编制和实施工作固然非常重要，但加强规划精神、规划思路的宣传推广更加不可或缺。这不仅有利于推进乡村振兴的利益相关者更好地理解乡村振兴规划的战略意图，增强其实施规划的信心和主动性、积极性，还有利于将乡村振兴的规划精神更好地转化为推进乡村振兴的自觉行动，有利于全党全社会凝精聚力，提升推进乡村振兴的水平和质量。加强对乡村振兴规划精神的宣传推广，还可以将工作适当前移，结合加强对党的十九大精神和党中央关于实施乡村振兴战略思想的学习，通过在规划编制过程中促进不同观点的碰撞、交流和讨论，更好地贯彻党中央推进乡村振兴的战略意图和政策精神，提升乡村振兴规划的编制质量与水平。要结合规划编制和实施过程中的调研，加强对典型经验、典型模式、典型案例的分析总结，将加强顶层设计与鼓励基层发挥首创精神结合起来，发挥榜样的示范引领作用，带动乡村振兴规划编制和实施水平的提高。近年来，许多发达地区在推进社会主义新农村或美丽乡村建设方面走在全国前列，探索形成了一系列可供借鉴推广的乡村振兴经验。也有些不发达地区结合自身实际，在部分领域发挥了推进乡村振兴探路先锋的作用。需要注意不同类型典型经验、典型模式、典型案例的比较研究和融合提升，借此提升其示范推广价值。如近年来，在安徽宿州率先发展起来的现代农业产业化联合体、在四川成都兴起的“小（规模）组（组团式）微（田园）生（态化）”新农村综合体、在浙江探索乡村的现代农业综合体，都各有成效和特色，值得我们借鉴推广。

---

[1] 2020 年国家发展和改革委员会、中央农村工作领导小组办公室、农业农村部、公安部等十八部门联合印发了《国家城乡融合发展试验区改革方案》。

有些地区在推进乡村振兴方面虽然提供了一些经验，但提供的教训可能更加深刻。加强对这些教训的分析研究甚至案例剖析，对于提升乡村振兴规划编制、实施的水平与质量，更有重要意义。宣传典型经验，如果只看好的，不看有问题的，可能会错失大好的提升机会，对此不可大意。当然，对待这些“称得上”教训的案例分析，也要有历史的耐心，要注意其发展阶段和中长期影响。有些模式在发展初期，难免遇到“成长中的烦恼”。但跨越这一阶段后，就可能“柳暗花明”或“前程似锦”。对于其成长中的挫折，也要冷静分析，多些从容、宽容和包容，不可“一棍子打死”，更不能“站着说话不腰疼”，横加指责，粗暴评论。

第二节　乡村规划的历史演进及面临的形势

改革开放以来，我国乡村规划的历史演进大致经历了初步成型、探索实践、建设完善三个阶段。当前，我国乡村振兴战略规划正面临新的形势。

一、乡村规划的历史演进

乡村规划是对乡村未来一定时期内发展做出的综合部署与统筹安排，是乡村开发、建设与管理的主要依据。我国真正意义上的乡村规划起步于改革开放后，经历了初步成型、探索实践、调整完善等发展阶段。

（一）初步成型阶段（1978—1988）：从房屋建设扩大到村镇建设范畴

1981 年，国务院下发《关于制止农村建房侵占耕地的紧急通知》，同年提出“全面规划、正确引导、依靠群众、自力更生、因地制宜、逐步建设”的农村建房总方针，同年的第二次全国农村房屋建设工作会议将农村房屋建设扩大到村镇建设范畴。自此，村镇规划列入了国家经济社会发展计划。1982 年，原国家建委与农委联合颁布《村镇规划原则》，对村镇规划的任务、内容作出了原则性规定。这一阶段，村镇规划从无到有，我国乡村逐步走上有规划可循的发展轨道。

（二）探索实践阶段（1989—2013）：城市规划模式下的村镇规划体系的探索

1989 年，《中华人民共和国城市规划法》颁布，该法以城市为范围，没有对村镇规划的规范和标准进行定义，造成了城乡规划割裂，村镇规划编制无法可依、规划编制不规范等问题。但村镇规划编制的探索并未停止，1988—1990 年，原村镇建设司分三批在全国进行试点，探索村镇规划的编制。1993 年，原建设部颁布《村庄和集镇规划建设管理条例》；同年，我国第一个关于村镇规划的国家标准《村镇规划标准》发布，成为后来乡村规划编制的重要标准与指南。2000 年，在试点实践与多方论证基础上，建设部颁布《村镇规划编制办法》，规定编制村镇规划一般分为村镇总体规划和村镇建设规划两个阶段，从现状分析图、总体规划、村镇建设规划等几个方面规范了村镇规划的编制。2007 年，建设部颁布的《镇规划标准》提出了镇规划的标准与指南，但对中心镇周边的乡村区域重视不够。2008 年，《中华人民共和国城乡规划法》发布，代替了使用 10 年的《中华人民共和国城市规划法》，该法将城乡一体化写入法律，强化了对村镇规划编制与实施的监督与检查。之后，"村镇体系规划"逐渐替代"村庄集镇规划"，初步形成了镇、乡、村的乡村规划体系。这一阶段，村镇规划深入实践、渐成体系。虽然还深受城市规划模式的影响，但从乡村角度出发、适合乡村发展需求的规划理念已经开始达成共识。

（三）建设完善阶段（2014 年至今）：构建乡村振兴视角下的县域村镇体系

2014 年，住建部发布《关于做好 2014 年村庄规划、镇规划和县域村镇体系规划试点工作的通知》，提出"通过试点工作进一步探索符合新型城镇化和新农村建设要求、符合村镇实际、具有较强指导性和实施性的村庄规划、镇规划理念和编制方法，以及'多规合一'的县域村镇体系规划编制方法"。2015 年，中央办公厅、国务院办公厅印发的《深化农村改革综合性实施方案》提出，"完善城乡发展一体化的规划体制，要求构建适应我国城乡统筹发展的规划编制体系"。同年，住建部发布《关于改革创新、全面有效推进乡村规划工作的指导意见》提出，"到 2020 年全国所有县（市）区都要编制或修编县域乡村建设规划"。目前，这一阶段，村镇规划开始从城乡统筹角度探索规划编制，县域乡村建设规划一般包括县域村镇体系规划、城乡统筹的基础服务设施和公共服务设施规划、村庄整治指引三大重点内容。

二、乡村振兴战略规划面临的形势

（一）工业化和城镇化对传统乡村社会结构造成冲击

长期以来，城乡之间的体制性隔离使得以传统农业为基础的乡村社会结构得以保持，并相对稳定地延续发展。快速的工业化与城镇化打破了乡村系统的封闭性，稳态的农业社会开始逐步瓦解。首先表现在经济结构上，以传统农业为代表的乡村经济在国民经济中的比例大幅度跌落。相比二、三产业的快速发展，农业在国家 GDP 中的比例下降。农业较二、三产业的收益差距逐步拉大，基础性农业对于人口的吸引能力呈现不断弱化的态势，粮食价格持续下降，而外出打工却可获得高出农业收入数倍的收益，农民收入结构开始发生根本性转变。

经济结构的巨变必然引起社会结构的重组。随着农业衰落，传统乡村社会围绕农业组织的家庭就业结构逐步瓦解，农民以家庭为单位进行了劳动力资源的再分工。家庭中青壮人口大量流出投入二、三产业的生产经营活动中，家庭成员以代际分隔实现了经济活动空间的分离和经济活动类型的分化。正如梁漱溟所言，农业团结家庭，工商业分离家庭。农业的衰落和非农经济活动的不断丰富使传统农村的社会组织网络开始失去赖以存在的基础。

（二）乡村规划建设的困惑

传统乡村社会的瓦解已成为必然，但在这新旧交替的过渡期，社会对于传统乡村社会的想象却从未停止。乡村发展的客观规律和趋势到底是什么？美好乡村究竟是什么样？乡村规划建设到底怎么做？社会各界对于这一系列关键问题的激烈争论甚至论战恰恰反映了这些问题的复杂性和挑战性，而规划学界的整体性失语则充分反映了乡村规划理论的缺失和实践的困惑。

中国当前的乡村规划实践在很大程度上都处于探索与试错状态。早期的拆村并点已被实践证明是简单的想象，片面关注数量而忽略乡村社会复杂性的做法不仅引发激烈的社会矛盾，事实上也并未达到规划的预期。轰轰烈烈的乡村美化运动在一定程度上是又一次规划价值观的试验性输入，成效依然是学界争论的话题。不可否认的是，在这一探索和试错过程中，乡村的认识不断加深，优秀的乡村规划实践开始出现。然而，由于缺乏充分的理论总结和方法归纳，一些宝贵的规划经验尚未被合理地解析、提炼和系统化，就被简单地模仿。在基本忽略中国乡村的巨大差异与规划的在地性与在时性的情况下，不断制造异化的复制品。当前，乡村规划建设理论和方法的滞后已影响了乡村的转型发展，而既有的探索和试错已为正确地认识乡村的发展趋势、合理的总结乡村规划的方法论奠定了基础。

（三）乡村发展趋势与精明收缩的认知

1. 乡村收缩是快速城镇化过程中的必然趋势

快速城镇化进程是理解判断中国乡村发展趋势的核心，而乡村发展本身就是城镇化进程的重要组成部分。也就是说，在未来 30 多年的时间里，中国城镇人口仍将大规模增长，乡村人口的持续减少将成为必然趋势。人口大量减少必然要求空间重整，乡村收缩不可避免。

作为城镇化发展的必然结果，乡村收缩的根本动力是乡村经济与社会的转型。随着城镇化和工业化的加速，经济发展方式的转变必然直接影响乡村经济的发展：一方面随着农业份额的不断下降，农业将逐步转向以提高生产率为主的现代化模式，提供的就业岗位将不断减少，对土地等要索资源的集聚要求不断提高，农业尤其是种植农业的就业密度将大幅降低；另一方面，随着“互联网＋”“生态＋”等新经济的出现，乡村空间将围绕新的资源禀赋密集区重新集聚；大都市区等新的城镇化空间的出现，也将导致跨区域的乡村空间集聚重组，而新的集聚过程就是新的收缩过程。在社会层面，随着老龄化、少子化社会的到来，养老、医疗、教育等公共服务的供给数量、质量与空间布局都将持续影响乡村人口的减少和乡村空间的收缩。

乡村人口的大量收缩，从集约资源、提高服务水平的角度来说，必然要求对乡村空间和相应的公共服务设施进行重组。当前，农村常住人口的大量外流不仅留下了大量空置房屋、抛荒土地，导致空间低效利用，还导致以基层服务功能衰退为代表的整体经济社会功能的退化。中国乡村量大面广，都市区域以外的普通乡村在数量上仍占很大比例，在缺乏优势发展资源的情况下，这些乡村即使生态良好，也仍是城镇化进程中主要人口外流地。显然在资源有限的情况下，投入需要兼顾公平和效率，而对已空心地区持续的投入必然造成巨大浪费。同时，在总体供给不足的情况下，低水平均衡的设施供给也无法真正满足乡村居民日益提高的需求。因此，为了集约、高水平而进行的精明收缩对于这些地区有着非常现实的意义。

2. 精明收缩的特征是更新导向的加减法

乡村收缩是中国城镇化进程发展到一定阶段出现的必然现象，和增长一样，只是一种状态。目前所呈现的与衰退、恶化相伴的收缩，其实是不正常的、不精明的收缩，问题不在收缩本身，而在于收缩的方式和方法。如只拆不建、只堵不疏、治表不治里等消极的建设管理方式，只会导致人居环境的恶化和乡村功能的衰退。因此必须尽快达成精明收缩理念的共识。精明收缩概念是近年来新兴于欧美国家的规划策略，和精明增长相对应，旨在应对城市衰退所引发的人口减少、经济衰落和空间收缩等问题，从收缩中寻求发展。虽然欧美的城市衰退与中国乡村收缩的背景、过程与机制截然不同，但精明收缩的理念却具有启发性，重在倡导积极、主动地适应发展趋势的结构性重整。

中国乡村的精明收缩必然也应当是积极的、主动的，是更新导向的加减法，有增有减而不是一味地做减法。乡村是城乡体系中具有重要价值与意义的组成，精明的收缩不以消灭乡村为最终结果，而以发展乡村为根本目的。当前忽略乡村发展需求，在资金、指标、政策上对尚有发展可能的乡村做出种种限制，致使乡村发展陷入长久停滞的做法，都是简单减法思维的体现。精明收缩下的乡村发展必然是一个总体减量，但有增有减、以增促减的更新过程，从被动衰退转向主动收缩。减少的不仅是乡村空间，而且包括乡村无序发展阶段形成的不合理增量，如大规模的违建住房、不适应现代发展环境的要素、传统的低效农业、污染的乡村工业等。相应增加的应当是更具适应性的现代发展要素，如以生态农业、农村电商为代表的、面向需求的新兴乡村产业和服务设施。精明收缩需要在总量减少的同时加大对积极要素的集中投入，有选择地引入新的辅助要素，同时保护、更新具有历史文化意义的要素。这既是资源要素有限情况下效率与公平的追求，也是乡村转型过程中系统更新的要求。

3. 精明收缩的目的是助推乡村现代化转型

更新导向的精明收缩最终目的是在中国现代化转型的关键阶段，助推传统乡村社会实现现代化转型，从而建构稳定、强健的新社会结构。首先，通过精明收缩实现农民福利的正增长。农民是乡村发展的主要参与者，其意愿和行为决策对于乡村发展具有关键性影响。在城乡交流越发频繁、信息传播日益便利的当下，农民的经济理性正迅速觉醒。农民不再“被捆绑在土地上”，尤其新一代农村人口具有自主、理性选择最大化利益的意愿和能力。大量调研结果显示，当前个人打工的年均收入远高于务农收入，乡村劳动力的非农化现象非常显著，进城打工成为大量农村家庭的主要经济来源。乡村发展是人的发展，而非物的发展，因此仅仅依靠环境整治和文化复兴留住农民只是精英主义的祈望。只有通过为农民提供切实的福利增长，即提高经济收益、提高公共服务水平，或者两方面同步提高，才能精明收缩，才是精明收缩。

精明收缩的关键在于精明，在于缩小城乡差距，打破二元结构，在城乡聚落系统内通过收缩将城乡差距变为城乡均等，实现城乡要素自由流动，公共服务基本均等，同时差异化地保持或赋予乡村丰富的内涵与地位。面向未来城乡聚落体系中乡村可能扮演的角色，精明收缩需要在乡村数量收缩的同时大大拓宽乡村的功能与产业发展可能，通过集聚促进传统农业产业更新升级，促进适应性非农生产要素集聚，在新经济不断发育进程中，使乡村不仅延续农业服务空间的职能，同时在现代产业体系中承担一定的分工。精明收缩助推乡村现代化转型，农村和农民不再是特定身份、待遇的符号，而是一种新的生活与生产方式的代名词。

推动乡村社会现代化转型必然要求构建可持续的现代乡村系统。精明收缩并非短期的外来输血或扶持干预，而是在有条理、有意识的规划引导下，促进乡村社会的空间重构与治理重构。前者主要体现为建立符合现代要求的生活、生产空间，有选择地建立高标准的基础设施和服务设施，满足乡村居民不断提高的消费要求；后者主要体现为建立在现代化生产分配关系网络基础上的新社会秩序和治理结构，即在市场、政府与公民三者之间，在自上而下和自下而上的治理模式之间找到最佳组合与平衡点，推进乡村治理体系和治理能力的现代化。通过重构具有高度适应性、结构完整的乡村社会，精明收缩将激活乡村内再生造血功能，最终形成一个具有自我发展能力的现代乡村社会。

（四）结论

快速的工业化与城镇化打破了中国乡村系统的封闭性，内外动力的交织作用逐步瓦解了传统乡村社会，转型时代已经到来。显然，中国的现代化进程不可能缺失乡村社会的现代化。如何平稳实现乡村社会的现代化是乡村规划需要解决的关键问题，深化对乡村发展趋势的理解、认知，已经成为城乡规划学科发展的重要领域。基于对中国快速城镇化趋势的研究，认为乡村收缩是快速城镇化过程中的必然趋势，在一定程度或阶段上这一过程是不可逆的。因此，必须充分正视乡村收缩问题，以更为积极、主动的态度去应对乡村收缩趋势可能带来的种种困难与挑战。如果说乡村收缩是客观的，那么精明收缩就是主观的规划理念，它以更新为导向，倡导在整体收缩的背景下综合运用加减法，通过增量盘活存量，最终，一方面实现农民个体福利的正增长，另一方面全面助推乡村整体的现代化。

第三节　乡村振兴战略规划制定的基础与分类

制定乡村振兴战略规划要正确处理好五大关系，在此基础上，要把握好乡村振兴战略的类型与层级。

一、乡村振兴战略规划制定的基础

乡村振兴战略规划是一个指导未来30余年乡村发展的战略性规划和软性规划，涵盖范围非常广泛，既需要从产业、人才、生态、文化、组织等方面进行创新，又需要统筹特色小镇、田园综合体、全域旅游、村庄等重大项目实施。因此，乡村振兴战略规划的制定首先须厘清五大关系，即20字方针与五个振兴的关系；五个振兴之间的内在逻辑关系；特色小镇、田园综合体与乡村振兴的关系；全域旅游与乡村振兴的关系；城镇化与乡村振兴的关系。

20字方针与五个振兴的关系：产业兴旺、生态宜居、乡风文明、治理有效、生活富裕的20字方针是乡村振兴的目标，而产业振兴、人才振兴、文化振兴、生态振兴、组织振兴是实现乡村振兴的战略逻辑，亦即20字乡村振兴目标的实现需要五个振兴的稳步推进。

五个振兴之间的内在逻辑关系：产业振兴、人才振兴、文化振兴、组织振兴和生态振兴共同构成乡村振兴不可或缺的重要因素。其中，产业振兴是乡村振兴的核心与关键，而产业振兴的关键在人才，以产业振兴与人才振兴为核心，五个振兴之间构成互为依托、相互作用的内在逻辑关系。

特色小镇、田园综合体和乡村振兴的关系：从乡村建设角度而言，特色小镇是点，是解决“三农”问题的一个手段，其主旨在于壮大特色产业，激发乡村发展动能，形成城乡融合发展格局；田园综合体是面，是充分调动乡村合作社与农民力量，对农业产业进行综合开发，构建以“农”为核心的乡村发展架构；乡村振兴则是在点、面建设基础上的统筹安排，是农业、农民、农村的全面振兴。

全域旅游与乡村振兴的关系：全域旅游与乡村振兴同时涉及区域的经济、文化、生态、基础设施与公共服务设施等各方面建设，通过“旅游＋”建设模式，全域旅游在解决三农问题、拓展农业产业链、助力脱贫攻坚等方面发挥重要作用。

城镇化与乡村振兴的关系：乡村振兴战略的提出，并不是要否定城镇化战略，相反，两者是在共生发展前提下的一种相互促进关系。首先，在城乡生产要素的双向流动下，城镇化的快速推进将对乡村振兴起辐射带动作用。其次，乡村振兴成为解决城镇化发展问题的重要途径。

二、乡村振兴战略规划的类型与层级

（一）乡村振兴战略规划的类型

1. 综合性规划

乡村规划是特殊类型的规划，需要生产与生活相结合。乡村现有规划为多部门项目规划，少地区全域综合规划，运行规则差异较大，如财政部门管一事一议、环保部门管环境集中整治、农业部门管农田水利、交通部门管公路建设、建设部门管居民点撤并等。因此，乡村规划应强调多学科协调、交叉，需要规划、建筑、景观、生态、产业、社会等各个学科的综合引入，实现多规合一。

2. 制度性规划

我国的城市人口历史性地超过农村人口，但非完全城镇化背景下，乡村规划与实施管理的复杂性凸显：一是产业收益的不确定性导致的村民收入的不稳定性；二是乡村建设资金来源的多元性；三是部门建设资金的项目管理转向综合管理。乡村规划与实施管理的表征是对农村地区土地开发和房屋建设的管制，实质上是对土地开发权及其收益在政府、市场主体、村集体和村民的制度化分配与管理。与此相悖，我国的现代乡村规划是建立在制度影响为零的假设上，制度的忽略使得规划远离了现实。因此，乡村规划与实施管理重心、管理方法和管理工具需要不断调整，乡村规划制度的重要性日益凸显。

3. 服务型规划

乡村规划是对乡村空间格局和景观环境方面的整体构思和安排，既包括乡村居民点生活的整体设计，体现乡土化特征，也涵盖乡村农牧业生产性基础设施和公共服务设施的有效配置。同时，乡村规划不是一般的商品或产品，实施的主体是广大的村民、村集体乃至政府、企业等多方利益群体，在现阶段基层技术管理人才不足的状况下，需要规划编制单位在较长时间内提供技术性咨询服务。

4. 契约式规划

乡村规划的制定是政府、企业、村民和村集体对乡村未来发展和建设达成的共识，形成有关资源配置和利益分配的方案，缔结政府、市场和社会共同遵守和执行的“公共契约”。《中华人民共和国城乡规划法》规定乡村规划需经村民会议讨论同意、由县级人民政府批准和不得随意修改等原则要求，显示乡村规划具有私权民间属性，属于没有立法权的行政机关制定的行政规范性文件，具有不同于纯粹的抽象行政行为的公权行政属性和“公共契约”的本质特征。

（二）乡村振兴战略规划的层级

1. 国家级乡村振兴战略规划

实施乡村振兴战略是党和国家的大战略，必须规划先行，强化乡村振兴战略的规划引领。所以，2018 年中央一号文件提出来要制定《国家乡村振兴战略规划（2018—2022 年)》（简称《规划》）。2018 年中央一号文件主要是为实施乡村振兴战略定方向、定思路、定任务、定政策，明确长远方向。《国家乡村振兴战略规划（2018—2022 年)》则以 2018 年中央一号文件为依据，明确到 2022 年召开党的二十大时的目标任务，细化、实化乡村振兴的工作重点和政策举措。具体部署国家重大工程、重大计划、重大行动，确保中央一号文件得到贯彻落实，政策得以执行落地。简单来说，中央一号文件是指导规划的，规划是落实中央一号文件的。事实上在制定中央一号文件的同时，国家发展改革委已经联合有关部门同步起草《规划》，目前，《国家乡村振兴战略规划（2018—2022 年)》已正式出台。应该说，国际级乡村振兴规划是指导全国各省制定乡村振兴战略规划的行动指南。

2. 省级乡村振兴战略规划

省级乡村振兴战略规划是以《中共中央　国务院关于实施乡村振兴战略的意见》和《乡村振兴战略规划（2018—2022 年)》为指导，同时结合各自省情来制定，一般与国家级乡村振兴战略规划同步。各省乡村振兴战略规划也要按照产业兴旺、生态宜居、乡风文明、治理有效、生活富裕的总要求，对各省实施乡村振兴战略做出总体设计和阶段谋划，明确目标任务，细化实化工作重点、政策措施、推进机制，部署重大工程、重大计划、重大行动，确保全省乡村振兴战略扎实推进。省级乡村振兴战略规划是全省各地各部门编制地方规划和专项规划的重要依据，是有序推进乡村振兴的指导性文件。

3. 县域乡村振兴战略规划

乡村振兴，关键在县。县委书记是乡村振兴的前线总指挥，是落地实施的第一责任人。乡村振兴既不是一个形象工程，也不是一个贸然行动，它需要在顶层设计的引领下，在县域层面分步踏实推进。县域乡村振兴是国家乡村振兴战略推进与实施的核心与关键，应该以国家和省级战略为引导，以市场需求为依托，突破传统村镇结构，在城镇规划体系基础上，构建既区别于城市，又与城市相互衔接、相互融合的“乡村规划新体系”，进行科学系统的规划编制，保证乡村振兴战略的有效实施。

（1）县域乡村振兴规划体系

县域乡村振兴规划是涉及五个层次的一体化规划，即《县域乡村振兴战略规划》《县域乡村振兴总体规划》《乡/镇/聚集区（综合体）规划》《村庄规划》《乡村振兴重点项目规划》。一是县域乡村振兴战略规划。县域乡村振兴战略规划是发展规划，需要在进行现状调研与综合分析的基础上，就乡村振兴总体定位、生态保护与建设、产业发展、空间布局、居住社区布局、基础设施建设、公共服务设施建设、体制改革与治理、文化保护与传承、人才培训与创业孵化十大内容，从方向与目标上进行总体决策，不涉及细节指标。县域乡村振兴战略规划应在新的城乡关系背景下，在把握国家城乡发展大势的基础上，从人口、产业的辩证关系着手，甄别乡村发展的关键问题，分析乡村发展的动力机制，构建乡村的产业体系，指导村庄进行合理空间布局，重构乡村发展体系，构筑乡村城乡融合的战略布局。二是县域乡村振兴总体规划。县域乡村振兴总体规划是与城镇体系规划衔接的，在战略规划指导下，落地到土地利用、基础设施、公共服务设施、空间布局与重大项目，而进行的一定期限的综合部署和具体安排。在总体规划的分项规划外，可以根据需要，编制覆盖全区域的农业产业规划、旅游产业规划、生态宜居规划等专项规划。此外，规划还应结合实际，选择具有综合带动作用的重大项目，从点到面布局乡村振兴。三是乡/镇/聚集区（综合体）规划。聚集区（综合体）为跨村庄的区域发展结构，包括田园综合体、现代农业产业园区、一、二、三产业融合先导区、产居融合发展区等，其规划体例与乡镇规划一致。四是村庄规划。村庄规划是以上层次规划为指导，对村庄发展提出总体思路，并具体到建设项目，是一种建设性规划。五是乡村振兴重点项目规划。重点项目是对乡村振兴中具有引导与带动作用的产业项目、产业融合项目、产居融合项目、现代居住项目的统一称呼，包括现代农业园、现代农业庄园、农业科技园、休闲农场、乡村旅游景区等。规划类型包括总体规划与详细规划。

（2）县域乡村振兴的规划内容

一是综合分析。乡村振兴规划应针对“城乡发展关系”以及“乡村发展现状”，进行全面、细致、翔实的现场调研、访谈、资料搜集和整理、分析、总结，这是《规划》落地的基础。

二是战略定位及发展目标。乡村振兴战略定位应在国家乡村振兴战略与区域城乡融合发展的大格局下，运用系统性思维与顶层设计理念，通过乡村可适性原则，确定具体的主导战略、发展路径、发展模式、发展愿景等。而乡村振兴发展目标的制定，应在中央一号文件明确的乡村三阶段目标任务与时间节点基础上，依托现状条件，提出适于本地区发展的可行性目标。

三是九大专项规划。产业规划：立足产业发展现状，充分考虑国际国内及区域经济发展态势，以现代农业三大体系构建为基础，以一、二、三产业融合为目标，对当地三次产业的发展定位及发展战略、产业体系、空间布局、产业服务设施、实施方案等进行战略部署。生态保护建设规划：统筹山水林田湖草生态系统，加强环境污染防治、资源有效利用、乡村人居环境综合整治、农业生态产品和服务供给，创新市场化多元化生态补偿机制，推进生态文明建设，提升生态环境保护能力。空间布局及重点项目规划：以城乡融合、三生融合为原则，县域范围内构建新型“城—镇—乡—聚集区—村”发展及聚集结构，同时要形成一批重点项目，形成空间上的落点布局。居住社区规划：以生态宜居为目标，结合产居融合发展路径，对乡镇、聚集区、村庄等居住结构进行整治与规划。基础设施规划：以提升生产效率、方便人们的生活为目标，对生产基础设施及生活基础设施的建设标准、配置方式、未来发展作出规划。公共服务设施规划：以宜居生活为目标，积极推进城乡基本公共服务均等化，统筹安排行政管理、教育机构、文体科技、医疗保健、商业金融、社会福利、集贸市场等公共服务设施的布局和用地。体制改革与乡村治理规划：以乡村新的人口结构为基础，遵循“市场化”与“人性化”原则，综合运用自治、德治、法治等治理方式，建立乡村社会保障体系、社区化服务结构等新型治理体制，满足不同乡村人口的需求。人才培训与孵化规划：统筹乡村人才的供需结构，借助政策、资金、资源等的有效配置，引入外来人才、提升本地人才技能水平、培养职业农民、进行创业创新孵化，形成支撑乡村发展的良性人才结构。文化传承与创新规划：遵循“保护中开发，在开发中保护”[1] 的原则，对乡村历史文化、传统文化、原生文化等进行以传承为目的的开发，在与文化创意、科技、新兴文化融合的基础上，实现对区域竞争力以及经济发展的促进作用。

四是三年行动计划。首先，制度框架和政策体系基本形成，确定行动目标。其次，分解行动任务，包括深入推进农村土地综合整治，加快推进农业经营和产业体系建设，农村一、二、三产业融合提升，产业融合项目落地计划，农村人居环境整治等。同时，制定政策支持、金融支持、土地支持等保障措施。最后安排近期工作。

第四节　城乡一体化的发展道路

一、城镇化与城市化

城镇化：总体上是指农村人口转化为城镇人口的过程。“城镇化”一词的出现要晚于“城市化”，这是中国学者创造的一个新词汇，很多学者主张使用“城镇化”一词。与城市化的概念一样，对“城镇化”概念的定义也是百家争鸣、百花齐放，至今尚无统一的概念。不过，就使用数量来看，对城镇化“概念”的论述要少于“城市化”。据粗略估计，近 5 年来，关于城镇化的概念，至少在 20 种以上，具有代表性的并符合中国地区现实的观点是城镇化是由农业人口占很大比例的传统农业社会向非专业人口占多数的现代文明社会转变的历史过程。

二、城市化进程的加快

城市化是一个地区的人口在城镇和城市相对集中的过程。城市化也意味着城镇用地扩展，城市文化、城市生活方式和价值观在农村地域的扩散过程，也可以说是人类生产和生活方式由乡村型向城市型转化的历史过程，表现为乡村人口向城市人口的转化以及城市不断发展和完善的过程。

---

[1] 广西国土资源厅土地利用管理处. 如何做到在保护中开发 在开发中保护 [J]. 南方国土资源，2003 (9)：27—29.

城市化的快速发展带来了一系列问题，城市人口的急剧增加、环境恶化、资源危机，城市发展带来的大气污染、水资源短缺、噪声污染、住房紧张、交通拥堵、不充分就业等多种“城市病”，严重影响着我们的生活。

“城市病”的根源在于城市化进程中人与自然、人与人、精神与物质之间各种关系的发展失衡。长期失衡，必然导致城市生活质量的倒退以及乡村发展的滞后。

三、城乡一体化概念的提出

城乡一体化的思想早在20世纪就已经产生。我国在改革开放后，特别是在20世纪80年代末期，由于历史上形成的城乡之间隔离发展，各种经济社会矛盾出现，城乡一体化思想逐渐受到重视。近年来，许多学者对城乡一体化的概念和内涵进行了研究，但由于城乡一体化涉及社会经济、生态环境、文化生活、空间景观等多方面，人们对城乡一体化的理解有所不同。

第一，城乡一体化是中国现代化和城市化发展的一个新阶段，城乡一体化就是要把工业与农业、城市与乡村、城镇居民与农村村民作为一个整体，统筹谋划、综合研究，通过体制改革和政策调整，促进城乡在规划建设、产业发展、市场信息、政策措施、生态环境保护、社会事业发展的一体化，改变长期形成的城乡二元经济结构，实现城乡在政策上的平等、产业发展上的互补、国民待遇上的一致，让农民享受到与城镇居民同样的文明和实惠，使整个城乡经济社会全面、协调、可持续发展。

第二，城乡一体化是随着生产力的发展而促进城乡居民生产方式、生活方式和居住方式变化的过程，使城乡人口、技术、资本、资源等要素相互融合，互为资源，互为市场，互相服务，逐步达到城乡之间在经济、社会、文化、生态、空间、政策（制度）上协调发展的过程。

第三，城乡一体化是一项重大而深刻的社会变革。不仅是思想观念的更新，而且是政策措施的变化；不仅是发展思路和增长方式的转变，而且是产业布局和利益关系的调整；不仅是体制和机制的创新，而且是领导方式和工作方法的改进。对于城乡一体化的根本应该废除原有的城乡二元体制制度。改革户籍制度，废除现行的人口流动管制。

四、城乡一体化规划

从广义上看，目前我国城市化水平超60%，而城市（城镇）与乡村的交融地带便客观上产生了一种特定含义上的“城乡结合部”，这是一个不容忽视的客观存在，实现国家的城市化（或城镇化）的快速增长必须重视城乡结合地带的有序控制和科学规划，变无序的混乱、自发状态为有序的合理组织状态。

城乡一体化规划的内涵与外延，内涵与外延是刻画概念的两个方面。内涵是本质，外延是范围。城乡一体化是针对城乡结合部，即城乡交融或城乡连接的地带。这是一个带有较为模糊性的地域范围，它是冲破行政界限而因城与乡内在的联系形成的模糊地域（地带），因而它的外延也必然是不确定的，确定的是内部关联度较强的分野。因此，城乡结合部，既不同于城市总体规划的郊区规划范畴，因为郊区规划是被动式的辅助性规划；也不同于乡村规划，因为乡村规划面对的对象是乡村内部地域。按照区域规划的某些理论，也很难明确地解决城乡结合部的具体问题，如人口布局、劳动力布局、流动人口管理、产业布局、交通设施、仓储设施等方面。

特别是社会主义市场经济体制下的今天，因各种流动不断加强，承担这些流动的载体建设客观上要求科学预测与规划。我们将城乡一体化规划的概念拟定为：对城乡结合部具有一定内在关联的城乡交融地域上各种物质与精神要素进行系统安排称为城乡一体化规划。一般而言，传统及现实规划中城镇体系规划是针对市县域内各种聚落群体的空间组织部署。但实际应用上仅侧重在对市县域集政治、经济、文化等中心于一体的市区（或县城）的性质、规模及发展方向的宏观论证与规划。而对近郊卫星镇并未能起到实质性的作用。再如，总体规划中的郊区规划，只是以服务于市区（或县域）为主要任务的，而没有以“融合”“一体”的角度刻画城乡结合部的深刻内涵与外延。对于绝大多数的城乡结合部，都存在着如人口流动与管理，产业布局确定，发展方向定位性的预测，基础设施的需求量等诸多问题，而且与传统行政意义上的区域规划相比，其更具活跃、动态、变动等因素。

在规划的宏观安排上及战略的选择上具有极大的变化特点。为此，如不进行总体上的科学合理部署：一方面可能产生滞后的结果，另一方面可能产生阻碍城区的进一步发展或影响市区（县城）的发展的结果。同时，对农村地域的推动也将不利。可以预见，城乡结合部的区域类型在国家市场经济体制下的今天，必以其强大的活力而为区域经济和社会的发展发挥重大作用。我们应该及时并有效地给予足够的重视，并及早地提到议事日程上来。城乡结合部地区的各种物质和精神因素与广义上的区域规划总体上一致，但由于该区域的要素流动性较强，是一个各项要素均活跃的区域。因此，它应该在理论指导和方法论指导方面有自身的需求。这可以进一步地探索与研究。最后，基于上述两方面的认识，可以设想，城乡一体化规划应该说是一种区域规划的变种。因此，它便应属于区域规划的一个组成部分。

五、镇村一体化规划

现代农业核心是科学化，特征是商品化，方向是集约化，目标是产业化。突破传统农业远离城市或城乡界限明显的局限性，实现村镇一体化发展，城市中有农业、农村中有工业的协调布局，科学合理地进行资源的优势互补，有利于城乡生产要素的合理流动和组合。

城乡统筹，村镇体系总体规划应确定农业产业发展规划，把农业产业的空间布局、发展方向、项目重点等在全域范围进行空间协调，实现基础设施协调，市政设施协调统筹规划。

村镇一体化总体规划应与都市农业、观光农业以及休闲农业相结合，共同打造美好村镇。观光农业、休闲旅游农业、现代农业应该结合县、镇域产业发展现状以及自然资源、文化资源现状统一规划。在城乡统筹规划的前提下，融合农业产业发展和生态空间协调规划，走村镇一体化规划路线。

第五节　“三农”问题以及社会主义新农村建设

一、“三农”问题

（一）“三农”问题的概念

“三农”问题是指农村、农业、农民三大问题，主要是指在广大乡村区域，以种植业或者养殖业为主，改善农民的生存状态、产业发展以及社会进步问题。21 世纪的中国，在历史形成的二元社会中，城市不断现代化，二、三产业不断发展，城市居民不断殷实，而农村的进步、农业的发展、农民的小康存在相对滞后的问题。可以说“三农”问题实际上是一个从事行业、居住地域和主体身份三位一体的问题。

“三农”问题是农业文明向工业文明过渡的必然产物。它不是中国所特有，无论是发达国家还是发展中国家都有过类似的经历，只不过发达国家较好地解决了“三农”问题。

“三农”问题在我国作为一个概念提出来是在 20 世纪 90 年代中期，此后逐渐被媒体和官方所引用。实际上，“三农”问题自中华人民共和国成立以来就一直存在，只不过当前我国的“三农”问题显得尤为突出，主要表现在：一是中国农民数量多，解决起来规模大；二是中国的工业化进程单方面独进，“三农”问题积攒的时间长，解决起来难度大；三是中国城市政策设计带来的负面影响和比较效益短时间内凸显，解决起来更加复杂。

从未获得集体土地经营权的农村人口来看，现行土地承包政策的指导思想是保证土地承包制度的长期稳定不变和稳定人地关系，《中华人民共和国农村土地承包法》为了稳定人地关系，在条文中贯彻了“增人不增地，减人不减地”的思想，在当今农村社会土地既是农民的重要生产生活资料，同时也是农民最后的保障，在土地集体所有的前提下，土地承包政策的长期不变和稳定人地关系的思想，造成了对新增人口应有权益的剥夺，不利于农村的和谐稳定与改革发展。

土地具有生产功能、保障功能、资产功能、生态功能和公益功能五大功能。其中，保障功能在中国是独特的，土地对农民起到一定的保障作用。在我国由于对土地功能及其与农民的利益关系缺乏正确的认识，因而往往是对土地的生产功能给予补偿，而对土地的保障功能、资产功能补偿过低。

（二）“三农”问题的特质与形成原因

1. “三农”的弱质性

首先是作为第一产业的农业，无论它是处于传统农业阶段还是现代农业阶段，与第二、第三产业相比，它不仅要面临巨大的市场风险，而且要面临很难预料的自然风险。其次是受土地收益递减规律的影响，农民的收入总是受到一个上限的制约，追加在农业上的投入与产出不一定成正比，即使农民增加再多投入也无法突破这一上限，而第二、第三产业却没有这样的上限，其投入与产出成正比。虽然现代科技使农业获得惊人的发展，但依靠科技进一步提升农产品产量与质量的空间越来越小。最后是由于我国现已基本实现了小康，一些大中城市甚至越过小康，进入相对富裕阶段，加上大多数农产品属于最基本的生活必需品，需求弹性小，随着消费者收入水平的提高和恩格尔系数的降低，居民对农产品的直接消费量不可能有很大的增加，有的甚至会减少。因此，农业的弱势地位决定了从事农业生产的农民收入低下。

2. “三农”问题形成的制度因素

“三农”问题历来是中国社会经济生活中的一大基本问题，由这一问题折射出来的制度成因也是多方面的。既有反映国民待遇的法权落实问题，又有产权明晰问题；既有行政权障碍问题，又有知情权、发展权障碍问题；更有城乡分割的二元体制因素。但要探析与“三农”问题形成相关的终极制度原因，根植于中国历史文化中的社会等级制度当为其要。事实上，二元社会体制本质上反映的是按社会等级高低决定发展的先后顺序、接受各种公共服务的多寡以及就业的选择机会等。就农民而言，除了土地可算做有保障的生活来源外，其他社会公共服务和福利保障少之又少；相反，中国农村多数县乡财政的窘况和供养人员过多，不仅危及对农民的公共服务，更加重了农民的负担。因此，可以说，“三农”问题的根本制度原因是社会等级制度及其思想观念影响下的社会运行机制与运行方式。二元体制的影响并未完全消除，农村医疗、养老、社会保障制度仍极不完善，政策缺位。

3. “三农”问题形成的政策因素

从工业化发展战略的历史选择上分析，“三农”问题存在的根本原因在于国家工业化发展战略重点、排序和资源配置导向侧重于重工业和城市，从而导致国民收入再分配向不利于“三农”的方向发展。在计划经济体制下的主要表现是，政府一方面通过征收农业税直接参与农民收入的分配；另一方面又以指令性计划形式规定较低的农业产品收购价格。

（三）“三农”问题解决对策

1. 转变发展观念

在指导方针上，要改变城乡发展中长期存在的“重城市轻农村、重工业轻农业、重市民轻农民”的传统观念，确立以工促农、以城带乡、相互促进、协调发展的全局意识，做到城乡发展一盘棋，从思想上切实把“三农”工作摆在重中之重的位置。在发展模式上要扭转局限在“三农”内部解决“三农”问题的思维惯性，确立用工业化富裕农民、用产业化发展农业、用城镇化繁荣农村等综合措施解决“三农”问题的系统观念，以工业化的视角和系统工程的方法谋划农业的发展。在发展战略上，要统筹工业化、城镇化、农业现代化建设，加快建立健全以工促农、以城带乡长效机制，全面落实强农惠农政策，加大对“三农”的支持力度，重点做到“三个倾斜”：一是向农村基础设施倾斜，着力改善农村的生产生活条件，提高农业和农村的发展能力；二是向农村社会事业倾斜，着力提高农村文化、教育、卫生保障水平；三是向农村基层公共服务倾斜，理顺基层的事权与财权关系，完善基层政府和基层组织的职能，着力提高农村基层组织的行政管理和服务水平。

2. 加快改型进程

工业化、城镇化是改变城乡二元经济结构、统筹城乡协调发展的根本途径，也是衡量农业现代化水平的重要标志。当前，全国总体上已进入以工促农、以城带乡的发展阶段，进入加快改造传统农业、走中国特色农业现代化道路的关键时刻，进入着力破除城乡二元结构、形成城乡经济社会发展一体化新格局的重要时期。

（1）科学规划，合理布局

坚持“规模适度、增强特色、强化功能”的原则，统筹安排城镇各类资源，综合部署各项建设，协调落实好工业、商业、交通、文化、教育、住宅、环保和公用基础设施等方面的建设项目，完善城镇功能，提高可持续发展的能力。

（2）发挥比较优势，搞好城镇的特色定位

坚持因地制宜，科学界定城镇功能，注重发展特色主导产业，逐步形成一批市场型、旅游型、加工型、生态型等特色鲜明的有较强辐射带动能力的小城镇。

（3）以项目为载体，加强基础设施建设

围绕“路、水、电、医、学”五个重点，加大投入力度，不断完善基础设施，为城镇居民生产生活创造良好条件。

（4）坚持建管并重方针，积极探索小城镇建设与管理有效结合的新机制

通过依法管理、综合治理，逐步建立法治化、社会化和民主化为一体的新型城镇管理体制。

二、社会主义新农村建设

在我国，加快新农村建设具有重要的现实意义。它不仅体现了经济建设、文化建设、社会建设的广泛内容，而且涵盖了以往国家在处理城乡关系、解决“三农”问题等方面的政策内容，甚至还赋予其新时期的建设内涵。

新农村建设的具体内容包括：农田、水利等农业基础设施建设；道路、电力、通信、

供水、排水等工程设施建设；教育、卫生、文化等社会事业建设；村容村貌、环境治理以及以村民自治为主要内容的制度创新等。

社会主义新农村建设有利于提高农业综合生产能力，增加农民收入；有利于发展农村社会事业，缩小城乡差距；有利于改善农民生活环境，是建设现代农业的重要保障；是繁荣农村经济的根本途径；是构建和谐社会的主要内容和全面建设小康社会的重大举措。

建设社会主义新农村，是实现中国农业现代化，进而实现中国社会主义现代化的历史必然。实现现代化，实际上就是要实现农村生产力发展的社会化、市场化；实现农业的新型工业化、产业化、企业化；实现农村的城镇化，使农民成为与城市居民具有平等身份的社会成员。这些都包括在社会主义新农村建设的内涵中。

（一）新农村建设是经济、社会发展的需要

随着我国经济社会的迅速发展，农业、农村、农民问题逐渐成为政府和全社会共同关注的难题。新农村建设不仅关系到全面建设小康社会战略目标的实现，而且关系到我国整个现代化的进程。中央提出建设社会主义新农村的重大历史任务是要进一步提升“三农”工作在经济社会发展中的地位，加大各级政府和全社会解决“三农”问题的力度，新农村建设作为“三农”工作的重要组成部分，是经济社会发展的需要。

（二）新农村建设是全面建设小康社会的途径

建设新农村是全面建设小康与和谐社会的战略举措和途径，有利于解决农村长期积累的突出矛盾和问题，突破发展的瓶颈制约和体制障碍，加快现代农业建设，促进农业增效、农民增收、农村稳定，推动农村经济社会全面进步；有利于启动农村市场，扩大内需，保持国民经济持续快速健康发展；有利于贯彻以人为本的科学发展观，改善农村生产生活条件，提高占人口绝大多数农民的生活质量，创造人与自然和谐发展的环境；有利于统筹城乡经济社会发展，落实工业反哺农业，城市支持农村和“多予、少取、放活”[1] 的方针，实现社会公平、共同富裕，从根本上改变城乡二元结构，促进城乡协调发展；有利于全面推进农村物质文明、精神文明和政治文明建设，保持经济社会平衡发展，促进农村全面繁荣。

（三）新农村建设是从根本上解决“三农”问题的战略决策

当前，“三农”工作还存在一些突出的矛盾和问题，要从根本上解决这些问题，必须大力推进新农村建设，凝聚全社会力量，统筹城乡资源，缩小城乡、工农、区域之间的差别，促进农村经济、政治、文化和社会事业全面发展。

总之，我国的城乡建设存在较大差异，发展社会主义新农村是当前的一大任务。然而，当前的农村建设与发展仍存在很多问题，比如，缺乏城乡之间结合的纽带，缺乏互动

[1] “多予少取放活”的方针，最早是在 1998 年 10 月党的十五届三中全会通过《中共中央关于农业和农村工作若干重大问题的决定》中提出的。

和联系，找不到带动乡村发展的支点。乡村规划设计缺乏统一规划，盲目自建，无景观可言等问题。这样就造成了城乡发展差异越来越大、乡村空心化越来越严重等问题，合理统筹城乡关系已经迫在眉睫，对于维护社会稳定、改善各种“城市病”以及推动共同富裕等都有着重要意义。

第三章　乡村景观环境规划

乡村景观，顾名思义就是乡村区域内的景观，是相对城市景观而言。两者的区别在于地域的划分和景观主体的不同，是乡村地区人类与自然环境连续不断相互作用的产物，包涵了与之相关的生产、生活和生态三个方面，是乡村聚落景观、生产性景观和自然生态景观的综合体，并与乡村的社会、经济、文化、习俗、精神、审美意识密不可分。其中，以农业生产为主的生产性景观就是乡村景观的主体。

第一节　乡村景观设计原则

城乡统筹规划主要包括城镇体系的规划、城市规划、镇规划、乡规划与村规划，乡村规划主要是小城镇与城镇之间统筹规划的一个十分重要的组成部分。乡村规划往往都是乡村建设与乡村社会经济得以迅速发展的蓝图，也是政府管理、指导乡村建设十分重要的依据。同样，也是切实做好乡村建设首要的保证与努力实现乡村建设可持续发展的有效途径。

乡村规划是一个涉及面广，涉及具体因素众多的复杂而系统的庞大工程，不仅要充分考虑统筹城乡发展的一体化，而且需要考虑村镇的各行各业全面发展，更为重要的一点是要做到全面的考虑，包括村镇长远发展的远大目标。

乡村的科学规划，必须遵循下列几方面的原则。

一、规划先行原则

做好美丽乡村建设最为关键的一步就是要能够搞好科学的规划。做到规划先行，才能决定美丽乡村建设发展的根本方向，同时也是美丽乡村建设得以实施的“大纲”。规划先行，一定要坚持近期发展和中远期发展相结合的结构布局，以便能够适应美丽乡村在每个不同时期建设与发展的需要。

规划先行，规划内容需要做到全面，不但是乡村建设规划方面的单一规划，同时也需要涉及未来快速发展、产业规划以及文化规划等多项内容。

规划先行，实际上就是决定该造就造、该改就改的方式，该复原的一定要复原，绝不可以实行“一刀切”的方案。

规划先行，最为重要的就在于其可操作性、可实施性，及时建设好一大批配套齐全、设施完善，具有典型区域性特色与乡村特色的美丽乡村与新小区。

二、城乡统筹规划，促进农民增收原则

科学实施规划还需要着眼于城乡统筹发展，切实做到美丽乡村建设和城乡发展之间的相互协调，形成一种城乡发展一体化的“复合系统”，进一步促进长期稳定的从事一、二、三产业的乡村人口朝着城镇发展转移，合理而有效地促进城市文明朝着乡村不断发展延伸，营造一种各具典型特色的城镇和乡村的发展格局，以便能够有利于推动城乡之间的协调同步发展。

乡村规划主要是工业化、城市化发展内涵的扩展与进一步延伸。美丽乡村的科学规划主要体现于城乡“一盘棋”，统筹兼顾、相互依存、相互融合。

三、因地制宜、保护耕地、节约集约用地原则

在进行村镇规划的层面上，需要根据每个地方的不同条件，做出科学的内容编制，重点体现以人为本和可持续发展的设计思想；还应该根据不同的区域、不同地区的条件、不同地区的经济社会发展水平来编制多种类型的规划标准。条件相对比较好的地区还应高起点做出相关的规划建设。规划编制不可脱离当地客观的实际发展情况，需要很好地结合当地的自然条件、经济水平、产业基本特征，正确地处理近期的建设和长远的发展目标之间相互适应、相互协调的关系，切实做到对各项建设的基本项目做出合理的规划。

因地制宜在乡土景观设计中强调地域特色和乡土文化的外在体现，它表达的不是一种一成不变的设计模式，而是在设计中尽可能地使用乡土材料，表现地域风貌特点，从而使得景观与环境能够更好地融合。由于全国各地农村的自然和人文环境存在多样性，这就决定了乡土景观在设计的时候必须考虑因地制宜的原则，对不同类型的村庄需要提取不同的设计元素，这样才能够保证乡土景观的地域性和可识别性。但是因地制宜不能够仅仅是表现在区分不同地域内的景观，而同一地域，也要根据具体情况进行比较区别。景观最终还是需要与环境相协调，无论历史文化遗产，还是古村落景区，抑或是其周边景观的设计，在传统的传承和发展上都有一个彼此相适应而存在的平衡点。

土地资源一般情况下都属于一种完全不可复制的自然资源。土地的使用也是农民赖以生存和发展的重要基础，一定要做出合理的布局，乡村中的各种类型的建设用地，都应该努力坚持走节约、集约化发展的建设之路。需要充分发挥土地的利用与村庄内的总体规划设计相互协调统筹的作用，以能够尽最大可能地保护耕地为基本前提，节约集约利用土地

为核心，做到建设的总体规划和土地利用之间的总体规划以及土地开发复垦专项计划的有机结合。

四、保护乡村文化，注重乡村特色

每一个乡村的发展历史、文化遗产等，都是人类祖先留下来的十分珍贵的人文和自然资源财富。多样化发展历史的文化遗产往往都能够非常充分地体现出人民群众强大的生命力和创造力，属于典型的智慧结晶、文明瑰宝。

乡村的历史文化具有多样性，有民俗风情、传说故事、古建遗风、名人传记、村规民约、家族族谱、传统技艺等形式。乡村往往也会有比较丰富的历史文化信息，都属于民间传统文化发展过程中最为精髓的组成部分，一定要一代代传承。

村庄内的自然生态、地形地貌、自然肌理通常都属于永远不可复制的一种重要资源形态，一旦遭到人为破坏，就会永远失去。

正是因为这一原因，美丽乡村的规划建设往往都非常注意保护村庄的原有自然生态、自然肌理、地形地貌；较好地去保护乡村之中的各种历史文化遗产，提出十分有效的自然环境保护措施。

注重保护村庄中的原有人文艺术特征；注重现代农业、工业的内容对于各个乡村的历史文化产生的影响；注重乡村的生态环境改善，进一步提高乡村的环境质量；突出现代乡村的民情和地方特色；保护村庄典型的自然和人文风貌，打造出一个比较富有艺术特色的品牌。防止破坏原有的历史文化，避免村村寨寨千篇一律、布局雷同。

五、资源整合，完善配套设施，适度超前

乡村的规划建设不是一句空话，需要具有极高的责任理念与责任感。规划的编制需要具备科学性、前瞻性。最为重要的方法就是要对资源加以整合，这些资源包括静态的和动态的，如山、水、地、历史文化、村落的特征、建筑的风格以及建筑的布局等多个方面，还包括经济的发展水平、产业发展的主导方向、地域民俗文化发展存在的差异等。进行有效的资源组合，将各种各样的资源都充分融合在规划之中，使规划不仅具有共性，而且有比较独特的个性，更具可操作性。

规划须要体现出“四美”。

(1) 自然之美

尊重自然之美，抓自然布局，建设生态环境的典型特色，融入自然的景色，不能搞大拆大建，避免出现不伦不类的规划。

(2) 现代之美

充分显示出现代之美，将现代的生产放在首要位置，将生活富裕当作现代美丽乡村建设的重要前提，融入现代文明，体现全方位的新发展理念。

（3）个性之美

彰显出个性之美，做到因地制宜，因势利导，因村而异，因环境而异，进行分类指导，分层加以推进，分步实施。按照产业的基本特点、村容村貌、生活特色、人本文化等进行适当分类，错位建设，体现差异化、多样化；少追求洋气阔气，体现本乡本土气息，不搞一刀切，千篇一律；做到移步异景，看景辨村，彰显一村一品、一村一景，给人以“十里皆风景，人在景中游”的感觉，达到雅俗共赏的目标。

（4）整体之美

构建环境的整体之美，依山托水，灵活用山，科学组织自然资源、文化资源；综合考虑山、水、田、路、屋、净、乐的协调统一；合中有分，分中有合，既有个性，又有共性，创造出完整统一又各具特点的整体美效果。

规划不能仅仅停留于现在这个阶段，还需要更多地从未来发展的角度进行考虑，要具有很好的前瞻性，为后续的发展留下充足的空间和余地，以便能够适应并满足乡村未来经济发展的基本需要。努力增强并进一步完善配套的设施，考虑未来的发展与更新的基本因素，规划还需要充分处理近期建设和远期发展、改造和新建之间的关系，使美丽乡村的建设发展规模、建设速度以及建设的标准可以和经济建设的发展相适应，和乡村的生活水平提高相适应。根据城乡居民生活同质化、公共设施以及基础设施均等化发展的目标，结合各个区域的经济社会发展相应的需求与要求，合理地布局基本的公共服务、基础配套以及公共安全等多项公共设施。

六、生态保护、可持续发展和各要素协同原则

科学规划的重点就在于保护生态环境，尊重基本的自然规律，将美丽乡村的规划建设过程和生态环境保护之间进行紧密的结合，以保护生态环境发展为首要任务。做到因地制规，因生态环境保护制规。规划同时还应该做到坚持生态环境优先，很好地体现出科学发展观，依据人与自然和谐共生的要求，遵循自然发展规律，展示出乡村生态发展的主要特色，做到统筹推进乡村生态人居、生态环境、生态经济以及生态文化的全面建设。

科学合理地进行规划引导，才能有利于各种自然资源、生态自然环境、生物多样性、文化多元化以及本土性的保护，以更加全面实现各种资源的持续利用为可持续发展的主要目标。

第二节　乡村景观规划设计

一、乡村入口景观

村庄的入口是指位于村庄内部环境与外部环境过渡和连接的空间，是村庄对外形象展

示的窗口。入口景观是村庄景观的开始，体现了村庄的文化性和标志性，担负着传达村庄特色的使命，具有“可印象性”和“可识别性”。

村庄入口的选址是在多方面因素的综合影响下确定的，在生产力水平低下的封建社会，村口的选址主要受地理环境的限制和风水思想的影响。入口的朝向依据山势和水系而定，选在避风、向阳的方向。在自然条件允许的地区，村庄入口还需要有自然或人工水系，如此一来，不仅方便了生产、生活取水，而且陆路和水路的结合更加强了与外界之间的联系。

（一）乡村入口景观功能

1. 标志与分隔功能

乡村入口将村庄和周围自然环境划分开，是村庄板块和自然基质的分界点，从村口开始，自然景观成分逐渐减少，人工建筑占据的空间逐渐增多。同时，入口景观也是人们进入村落时观察到的第一个景观，即整个乡村景观序列的开端，一些富有特色的入口景观，会给人们留下深刻的第一印象。

2. 交通与导向功能

乡村入口是村庄交通最主要的出入口，将村外的公路引入村庄内部交通网，具有组织交通、引导人流的作用。传统村庄设置卵石路面或石板路面，满足低等级的通行要求，新建的村庄入口常常根据实际情况设置有停车场，用以满足村民生活需要或作为旅游型村落的基础设施建设。

3. 休闲与集会功能

村口常常是村庄中最开阔的地域，古树和荷塘等舒适、亲切、和谐的绿地空间为村民提供了良好的休闲集会场所，一些村口设置的亭廊也是村民日常沟通的良好平台。

村庄在漫长的发展更新过程中，往往形成了具有自身独特的文化气质。入口景观的设计秉承了与当地历史文脉的一致性，是村庄文化的展示窗口，传递出村庄特有的人文气息。

（二）入口景观设计要素

入口景观组成要素灵活多变，没有固定模式，一般主要考虑地形、乡土建筑特色、色彩、地方材料四方面的要素。

1. 地形

地形的变化对于村庄聚落形态的影响十分明显，特别是在山区或丘陵地带。中国乡村建筑构造大多受到传统“天人合一”的观念影响，尊重自然，不愿大兴土木，改变自然地形，通常按风水常识去设计建造入口景观。

2. 乡土建筑特色

乡土建筑包括农村的寺庙、祠堂、住宅、学堂、商铺、村门和亭、廊、桥梁、道路等，它们是这个乡村有关历史、文化、自然、乡村人祖祖辈辈智慧的凝聚物，是构成村庄景观的重要组成部分，也是入口景观设计的重要构思来源，因此村口的设计风格要保持与整个乡土建筑风格一致。

3. 色彩

色彩是入口景观设计的一个重要因素。过去绝大部分村庄由于没有条件来修饰建筑物，而任由原材料直接裸露于外，建筑物表现为其原材料的颜色。现代的村庄在建设时能有很多色彩选择。因此，应该注意乡村传统色彩的传承以及色彩的协调。其中，暖棕色将大大有助于使木制建筑融合于乡村半林地或稻田景观环境；明亮的木灰色是另一种可以放心使用的颜色；棕色或暗灰色的屋顶可以和土地及树干的颜色取得很好的协调感。在需要强调的一些建筑小构件上，可以少量地使用明亮的浅黄色或岩石的颜色。

4. 地方材料

使用的地方材料以及与这些材料相适应的传统结构和构造方法是保持村口景观乡土特色的重要手段。特别是以那些未经加工的天然材料或稍经加工但却仍然保持本来特色的某些材料而建造起来的民居及村庄景观，将更能充分地表现出某个地区的独特风貌。地方材料主要包括：生土、木材、瓦、石、草、竹。以这些地方材料为主，可以令游客感受到朴素、淡雅、恬静的乡村风格以及浓郁的田园风光和乡土气息。

二、乡村水景观

在乡村建设与发展过程中，乡村水环境及村庄滨水景观是打造“美丽乡村”建设的重点之一，它是改善村庄生态环境、提升村庄居住环境质量的重要组成部分，也对建设生态文明、自然和谐的“美丽乡村”起到了重要作用。

（一）水与传统村庄的关系

1. 水对中国传统村庄择基选址的影响

自古以来，村庄的选址都与水系有着密切关系，“逐水而居，因水而兴”。总的来说，是因为古代聚落大多选址在靠近水源的地方，既方便日常生活用水，又满足农业灌溉，同时也是进行交通运输的重要手段。秦朝时修建三大水利工程：都江堰、灵渠、郑国渠，成功地建成了“沃野千里，水旱从人，不知饥馑”的战略大后方，为统一中国、延续中华文明奠定了可靠的政治、经济、物质基础。

2. 水对中国传统村庄营建布局的影响

村庄建设一般先有渠、后有路，路渠结合，人逐水居，路随水转。如果某个区域中的水系较为发达，村镇往往会随着主要的水系而建，根据水系与传统村庄联系形式的不同，大致有并列式、相交式、包容式和穿插式（图 3-1）。

（1）并列式

在并列式布局中，通常河流的岸线较为笔直平缓，村庄建筑顺应岸线排列，多呈带状或块状，布局比较规整（图 3-2）。例如，重庆酉阳龚滩古镇，村庄选址在河岸线附近，除便于交通联系外，河岸线经过长年的冲击，地势平坦，土壤肥沃，自然环境优美。

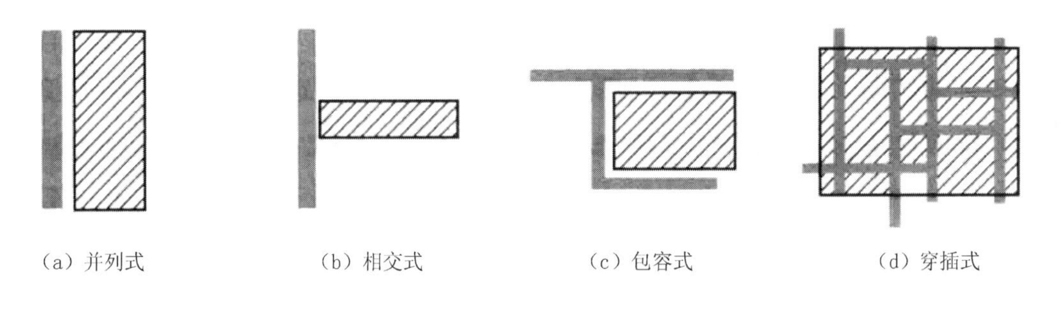

图 3-1　水系与村庄布局关系示意图

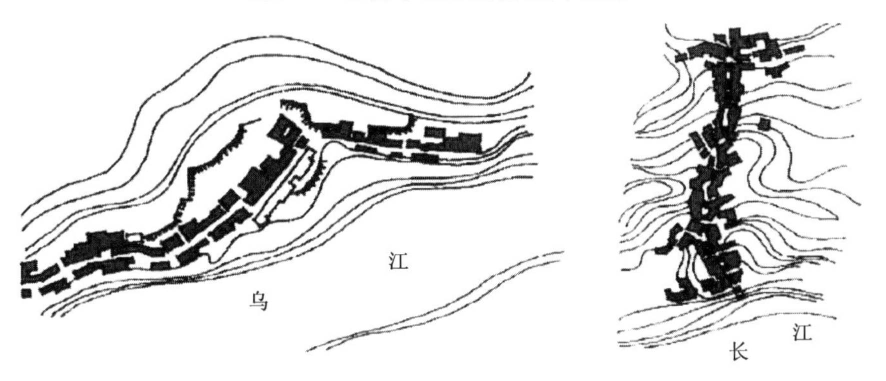

图 3-2　并列式与相交式布局

（2）相交式

相交式布局是指村庄垂直于水岸线的分布形式，垂直河岸线的村庄往往受地形条件的限制，常为连接河道和山脊山麓的道路交通而垂直河岸线布局，典型案例如西沱古镇。

（3）包容式

包容式布局通常位于河溪汇合处，有比较方便的交通条件，联系范围广，容易形成经济贸易控制点。长期的地质构造作用与水流冲击而形成冲击坝，土地肥沃，又便于建造村庄，形成依山傍水、自然环境优美的村庄格局。例如，江津塘河古镇，如图 3-3 所示。

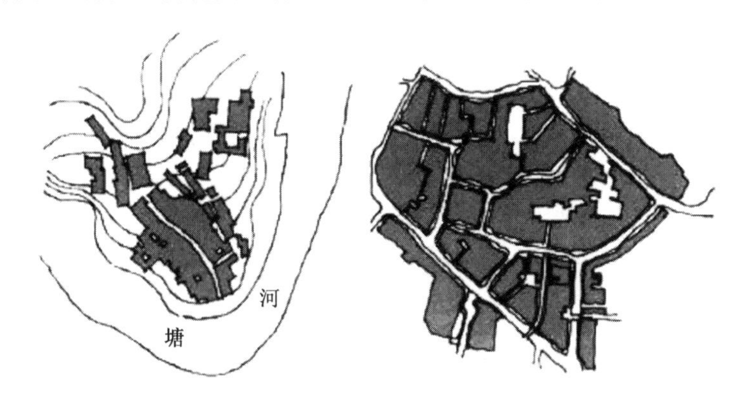

图 3-3　包容式与穿插式布局

(4) 穿插式

穿插式布局中通常为数条交织的水系，村庄与水系彼此穿插、相互交融，形成建筑与水和谐共生的局面。这种布局在江南水乡中最为常见，江南地区水网密布，民居依河筑屋，依水成街。典型的有苏州周庄古镇、绍兴安昌古镇等。

(二) 乡村滨水景观形态

美丽乡村建设中涉及的滨水景观建设基本是在原有村庄水系、滨水环境的基础上进行改造、塑造和美化提升。这里将具备村庄滨水景观设计条件的村庄滨水环境划分为村庄滨湖景观、村庄滨河（溪）景观和村庄其他滨水景观。

1. 村庄滨湖景观

就村庄所处水域范围而言，在我国，很大一部分村庄的始建形式以环湖、环池形态建设而成，形成了以水域形状为基本中心并向滨水外围逐步延伸的发展趋势。这种类型的村庄滨水景观主要存在于村庄水域与住宅建筑之间，形成一个连续环绕的围合状态。

总体而言，村庄滨湖景观因为水域形态大、水面波动小、水流速度慢等特点，具有建设环境相对开阔、景观内容趋于静态、景观功能多元完善等特点。

2. 村庄滨河（溪）景观

村庄滨河（溪）景观是以江、河、溪流等带状水系为基础发展起来的滨水景观，在景观规划中属于自然流域型的景观格局。

村庄滨河（溪）景观的布局走向基本平行于河流及村落整体布局的走向，具有移步换景、景观内容丰富多样、富有律动美等特点，同时还具有防止水土流失、保护沿线农业生态的作用。

3. 村庄其他滨水景观

村庄滨水景观除了上述以块状环形分布的滨湖景观和以带状分布的滨河（溪）景观外，还包括一些特殊的滨水景观模式，例如，村庄水田景观、瀑布景观、泉井周边景观、村庄人工水系景观、村庄排水沟渠附属景观等。

(三) 乡村滨水景观要素

从园林设计角度来看，可将乡村滨水景观分为山、水、建筑、植物这四个主要元素。在设计过程中，将这四个元素有意识地合理组织成为一个有机整体，创造出具有美感与实用功能相结合的优美景观。这里主要从乡村滨水驳岸、景观建筑、地面铺装、植物和附属设施等若干要素对村庄滨水景观进行具体分析。

1. 滨水驳岸

滨水驳岸作为治水工程重要的构造物，主要起防洪、固堤、护坡的作用。同时，滨水驳岸也是人们接触水体的媒介，是村庄边界美学的体现。滨水驳岸从材料工艺上划分可以分为四大类：自然式驳岸、人工式驳岸、混合式驳岸及其他。

（1）自然式驳岸

自然式驳岸以砂石堆积为基础、自然植被覆盖为主，其水系两侧的陆地部分坡度较为低缓，水岸线自然多变，没有人工雕琢的痕迹，是在自然界生长发展过程中逐渐形成的驳岸类型。在我国部分村庄或自然风景区仍可见这个类型的驳岸。

（2）人工式驳岸

人工式驳岸包括台阶式驳岸、预制构建式驳岸、石笼驳岸等最早出现在城市滨水景观中的驳岸形式，由于其具有耐久性、安全性、多功能性以及村民向往城市景观的心理等原因被运用在村庄滨水驳岸中。这类驳岸与城市滨水相似度高，通常无法与周边柔和的村庄环境相融合，不具有村庄景观的特色。所以，如何在这类滨水驳岸的景观塑造中找回属于村庄的记忆——成为当下村庄滨水驳岸景观的重点与难点，也是美丽乡村建设中关于重塑景观环境中乡村文化内涵这一指导思想与重要目标的体现。

（3）混合式驳岸

早期的驳岸建造因为材料和工艺的约束，人们就地取材，运用自然山石、竹木桩材等对水岸进行单纯的加固。随着施工工艺的发展与追求生态科学指导思想的深入人心，现代驳岸主要以浆砌块石、水生植物与卵石筑砌相结合、石笼固岸、石插柳法等混合驳岸形式，主要有软质驳岸、硬质驳岸、亲水驳岸等。

2. 滨水景观小品

村庄滨水景观小品主要是指以供村民生活休闲为主并传达村庄文化特色的牌坊、风雨桥、风雨廊、风雨塔、滚水坝、碑刻、洗衣台等。这些滨水景观小品，一方面，在景观布局上起着重要节点的作用，并且贯穿于整体景观轴线，让滨水景观主次分明富有节奏感；另一方面，将中国传统水文化的内涵与村庄的历史文化底蕴通过不同景观小品的塑造表现出来，营造独具特色的村庄滨水景观风貌。

廊、桥、亭台等视野较好、适合驻足休憩又具有框景、透景、衬景、对景等功能的建筑景观小品成为滨水景观的重要组成部分。加之乡村水系规模较小、形态多变等因素，这类景观小品的存在更为乡村环境增加了一丝雅趣与景致。

为了满足滨水区域必备的安全性、耐牢性，同时，与时尚的城市景观相接轨，部分滨水景观造景的选材选用和造型设计上出现了城市景观打造的手法——其施工精细、选材精致、造型方正、几何感显著，体现了现代简约的风格。这种景观塑造方式忽略了村民独有的生活习性与生活模式，在景观小品的处理手法上脱离了乡村本真。

除了滨水建筑景观小品外，村庄对于滨水其他景观小品的打造也高度重视。基本完成改造的村庄滨水景观都配备有经过设计的统一风格休闲座椅、垃圾桶、花池、花箱、景观路等；有的村庄在部分用水出水口处运用动物造型的花岗岩成品进行装饰，别有一番趣味。滨水区的防护栏材料应尽量避免不锈钢、铝合金、钢材等现代工业材料的使用，在保证安全的基础上利用石材、水泥浇筑附仿木纹效果等手法，使其与整体村庄滨水环境相融合。在与村庄中保留的历史文物、重要景点、水岸边缘、道路岔口等处都放置着别具特色的说明牌、指示牌、安全告示牌、通知栏等，在细节处进一步完善滨水景观的塑造。

3. 地面铺装

在现代村庄滨水区，道路主要以人行道为主、少量两轮非机动车行驶为辅，其道路宽度和地面铺装选材应满足步行与两轮非机动车通过的基本要求。同时，还要坚持经济实用、安全生态、绿色环保的原购。另外，对于滨水区景观的地面铺装，要尤为考虑避免特大汛情导致水位上涨，造成水体对道路、铺装的破坏。滨水区景观道路对整体滨水景观节点的连接起着重要的作用，它既可作为通行的道路，又具有景观构成元素中观赏的价值，无论是对乡村旅游观光引导还是本地居民生活休闲都起到了非常重要的作用，村庄滨水景观中常用的道路铺装主要分为以下几类。

（1）石料铺装

石料铺装包括块石铺装、卵石铺装、板材铺装和砖块铺装。因为块石和卵石铺装对于材料造型的要求较为自然并且在大部分乡村地区容易就地取材，符合绿色生态的建设原则，所以被广泛地运用在村庄景观道路铺装中。这里所指的块石是未经精细打磨，大小不一、形状各异的石块，常被用于乡村滨水景观的室外阶梯建造和水上汀步打造，既稳固厚实又自然，这种天然状态与乡村自然景致的古朴感有了极好的融合。

卵石铺装则是目前村庄内部道路最为常用的地面铺装材料。一般选用直径三至十几厘米不等的圆润卵石嵌入干沙水泥混合物的基层上，利用卵石深浅不一的颜色进行地面纹样的设计，除了美观外更有吉祥的寓意，具有较强的实用性和美观性。

板材铺装是指将岩石加工成不同规格的几何形板状，目前使用较多且性价比较高的是花岗岩，其硬度大、耐磨性好，不易受风水侵蚀。由于铺设在室外地面，所以岩石表面都会进行不同方式的粗糙纹理处理。板材铺装对基层的要求不高，既可在软性基层上铺设，也可在刚性基础上铺设。

砖块是我国传统的人造铺材，由于砖块个体体积较小，作为道路铺贴的使用会造成一定程度的移位，所以砖铺道路需要运用侧石和缘石固定铺装的边缘，也就是通常所说的路缘石。

随着新材料的不断出现，目前在道路铺装中较为常用的透水砖也较适宜运用在当代村庄滨水景观道路的铺设中。新型透水砖具有安全、环保、吸噪声、排水快、施工快、成本低等优点，并且表面颜色多样、可供选择、可定制，丰富了景观道路的色彩构成。

（2）木材铺装

木材铺装被广泛运用于滨水景观平台中，并逐渐开始运用在滨水木栈道中，其自然原始的风格更加符合乡村景观的特点。但是由于木材自身易吸水膨胀变形、易被暴晒开裂、易被虫蚁蛀蚀的特性，导致原始木料不能直接运用于路面铺装。所以，一般运用于室外景观的木材都是经过防腐处理的防腐木，其中包括通过防腐药剂注射浸泡处理的防腐木和通过深度炭化热处理的不含防腐剂的防腐木。目前，市面上的防腐木，其原木主要是以松木、杉木、樟木为主。

（3）整体路面铺装

这里所说的整体路面铺装主要是指混凝土、沥青等地材。部分村庄滨水区道路仅为了满足通行便利的要求，多采用混凝土浇筑路面，其色彩单一暗淡、呆板无趣，与自然水系的灵动优美形成极大的反差。在炎热的夏季，一般的混凝土路面会反射热量，给人造成极大的不适，并且一般的水泥与水泥混凝土路面具有不透水性，不利于路面排水。在工艺不断改进的过程中，出现了透水混凝土——其透水性强、承载力高、色彩丰富，具有很高的使用价值，可根据乡村设计定位的不同，运用于村庄滨水景观道路的建设中。

（4）其他材料铺装

在国外一些乡村改造案例中，还有运用钢铁等金属材料或是陶瓷碎片等作为园路的地面铺装，营造别具一格的乡村景致。

4. 滨水景观植物

在村庄滨水景观中，农作物作为景观植物的现象十分普遍。对于村庄滨水景观的植物造景基本体现了以下几个原则：其一，以选用具有地方特性的本土植物为前提，最大限度地保留改造区原有的较为完整的天然植被群；其二，在植物的选择和运用中，应考虑作为景观植物的可供欣赏性，将常绿植物与落叶植物相结合、水生植物与陆生植物相结合，通过植物的造型美来传达地方特色与地方精神，以下对集中重要的滨水景观植物进行阐述。

（1）乔木

滨水景观中乔木的选用应结合该区域实际土层厚度与其景观功能属性。若种植区土层较浅，应选用根系浅的乔木品种，一般乔木对于土层的要求在 1.5m 以上。大型乔木的运用能对景观重要节点起到标识性的作用，并且在滨水区这一开放性的公共空间中起到一定的遮蔽作用。另外，乔木的合理运用也能对滨水驳岸起到稳固的作用。

由于乡村建筑高度普遍较低，造成乡村建筑环境的天际线高度较低且平缓，所以在距离建筑较近的滨水景观带的植物选用上不利使用过于高大的大型乔木；对于小巧乔木而言，乡村滨水景观常种植桃树、梨树、石榴树、柚子树、橘子树等既具有经济效益又适合滨水区栽植的树种。在我国南方地区，竹子，尤其是楠竹（毛竹）、慈竹、绿竹等竹类植物也较为适宜在滨水区种植。

（2）灌木

灌木的选用与种植在滨水景观的塑造中起到了特别重要的作用，灌木因其生长高度与人的自然观景视线相近，所以人们在滨水区活动时能率先观赏到灌木的不同造型与色彩。滨水景观中常用的灌木主要有八角金盘、四季桂、桃金娘、十大功劳、南天竹、苏铁、海桐、假连翘、黄素馨、女贞等。由于乡村地区原本风貌中自然、随性的特点，所在灌木的选用中尽量选择无须人工经常性刻意修剪造型的品种，从植物造景上将乡村与城市相区别，还原乡村特有的景观气质。对于直接与农作物种植区相结合的滨水区，具有季节性、农民自发的农作物种植也成为塑造景观的手法之一。

（3）地被植物

如果说灌木是植物配景中的主角，那么地被植物则是烘托主角最好的配角。尤其是在滨水景观区域，人的视线因水景的存在而相对放低，地被植物为裸露在外的土层起到了装饰性作用，为竖向空间创造了更丰富的层次感，同时也保护了滨水区的水土不易流失。乡村滨水景观中常用的地被植物有麦冬、石菖蒲、葱兰、马尼拉草、南天竹、杜鹃等。由于我国乡村目前尚无完善的环境管理团队及乡村中存在家禽家畜的放养，所以不提倡在乡村中，尤其是乡村滨水景观环境中大面积地使用草坪。

（4）水生、湿生植物

在滨水景观环境中，水生植物与湿生植物是这类景观环境中独有的植物类型。水生与湿生植物能很好地将滨水区陆地景观与水域通过自然的方式结合起来，丰富水面景观效果。常见的乡村滨水景观水生、湿生植物有荷花、菖蒲、美人蕉、紫芋、芦苇、狐尾藻等。

三、乡村绿化景观

美丽乡村的建设实施，离不开村庄绿化景观的规划设计。村庄绿化对改善农村生态环境、增强农业综合生产发展能力、促进人与自然和谐、统筹城乡和谐发展具有重要意义。村庄绿化具有与城市绿化不同的特点，参照村庄绿地分类系统，把村庄绿化用地类型分为道路绿地绿化模式、公园绿地绿化模式、生产绿地绿化模式、防护绿地绿化模式和其他绿地绿化模式。

（一）道路绿地绿化模式

村庄道路是整个村庄的结构骨架，村庄道路绿地是依附在村庄道路系统上的绿色元素，它是村庄景观生态系统中的生态廊道，占整个村庄绿地面积的较大比例，它以网状、线状等形式将村庄绿地联系在一起，组成一个完整的村庄绿地系统。村庄道路绿化不仅可以创造丰富多彩的街道景观，而且可以净化空气、调节气候、保护路面和行人，如在炎热的夏季，良好的村庄街道绿化能使树荫下的气温比烈日下的道路面低5℃以上。按照村庄道路的使用功能，将村庄道路绿化分为以下两大模式。

1. 重要交通道路绿化

一般是指村庄中连接村内外交通的主要道路，这类道路除满足交通功能外，还应满足驾驶安全、视野美化和环境保护的要求，通常以建设生态环保林为主，兼顾景观效果，包括分隔带绿化、路侧绿化和道路转角处绿化。按照对外和对内，分为进村道路绿化和村内主要道路绿化。

（1）进村道路绿化

进村道路处于村庄生活区外围，有的连接城市干道，其周边多是田地或者菜园、果园、林带，绿化选择栽植树干分支点较高、冠幅适宜的经济树种，谨防绿化树木影响到农作物的生长；不与农田毗邻的道路，栽植分支点较低的树木，如桧柏等。

一般道路两旁种植1～2排高大乔木，为加强绿化效果，也可以在乔木之间种植大叶女贞等常绿小乔木，或紫薇、黄杨、海桐球等花灌木。较窄道路的绿化，为了保证行进中能看到田园远景风光，乔木下灌木修剪高度不宜高过0.7m或按照一定间距分散种植灌木丛；经济较好的村庄可按“两高一低”的原则进行绿化，即在两乔木间搭配彩叶、观花常绿树种或花灌木，达到多层次的绿化效果；较高级别道路具有机动车道与非机动车道分隔带，通常在机动车道两侧设置分车绿带，在非机动车道外缘设行道树。两侧分车绿带的绿化植物不宜过高，一般采用绿篱间植乡土花灌木的形式。

（2）村内主要道路绿化

村内主要道路具有车辆通行、村民步行、商贸交易等功能，该类型道路的使用率和通行率均较高，其绿化应美观大方，保证视野开阔通畅。一般村庄主道不存在分隔带，仅需在两侧进行绿化，以实用、简洁、大方为主，也可以在不妨碍通行的位置种植落叶阔叶树种，起到遮阴、纳凉和交往空间的作用。

也可考虑统一树种，并统一要求各家门前的植树位置，形成一街一树、一街一景的特色。对于道路一侧的宽敞空地，可种植枝下高度较高的孤赏大树，形成一个适宜休息、闲谈的交往空间，体现提供人际交往场所的功能。人行道绿化宜栽植行道树，充分考虑株距与定干高度。在人行道较宽、行人不多的路段，行道树下可种植灌木和地被植物，以减少土壤裸露和道路污染，形成一定序列的绿化带景观。

村庄原始形成的主要商贸街道，路面较窄，种植宽度较小，应以种植灌木为主，与地被植物相结合。道路两侧可种植树体高大、分枝点较高的乡土乔木，间植常绿小乔木及花灌木；也可栽植果材兼用的品种，如选择柿树等高主干式的经济果木为行道树，再配置一些花灌木；为了调节树种的单一性，在适当区域可选择树形完整、分枝低、长势良好的其他乡土树种，再配置常绿灌木；经济条件允许时，行道树可选择档次较高的园林树种。

2. 生活街道绿化

一般是指村庄中的次要道路或支路，主要包括村内住宅间的街道、巷道、胡同等，具有交通集散功能，是村民步行、获取服务和进行人际交往的主要场所。这类道路是最接近农户生活的道路，对于家门口的绿化，可布置得温馨随意，作为庭院绿化的延续补充。由于宽度通常较窄、道路不规则，其绿化具有一定局限性，在植物布置时须更具针对性，在村庄环境整治的基础上，改善绿化和卫生条件较差的现状，以保证绿化实施的效果。

在不影响通行的条件下，可在道路两侧各植一行花灌木，或在一侧栽植小乔木、一侧栽植花灌木；两侧为建筑时，紧靠墙壁栽植攀缘植物。经济林木可应用到农户庭院门口道路一侧，设置横跨道路的简易棚架，种植丝瓜、葫芦等作物。拐角处可种植低矮的花灌木或较高定干高度的乔木进行绿化美化，增添生活趣味；对于较窄的小路，根据实际情况调整为单侧绿化，一侧种植大量绿篱，间隔开硬化路与裸露地面，形成道路、绿化植物与农舍融为一体的乡村画卷；对于村庄内的菜园地道路，选择生长力较强的蔬菜覆盖边坡，在营造良好绿化效果的同时节约土地，经济、美观、实用。

（二）公园绿地绿化模式

1. 公园绿地绿化模式分类

借助地域位置（如靠山临水或风景名胜区）、生态景观条件和交通条件，分析公园位置、规模、服务人群等特点，确定建设主导类型。

（1）休闲型公园绿地

这类公园主要服务本村村民以及靠近本村庄的居民，主要具备生态、美化、休闲娱乐等功能，包括三类（表 3-1）。

表 3-1　休闲型公园绿地建设要点

公园类型	建设要点
普通小游园	村庄中最多类型的公园，一般受经济、人口和土地利用影响，无须建设大型的公园绿地，通常以小游园、小广场的绿地形式出现，重点规划合理的活动空间，形式简单、朴实、实用
城乡结合部的村庄公园	可以起到分流城市公园绿地压力的作用，公园的规划设计可以参照城市绿地的标准进行，但要突出城郊和地域景观的特色
新建居住区村庄公园	主要服务居住范围内的居民，公园的规划设计可以依据城市绿地的标准进行，注重体现农村固有的乡村特色，尽量保留城市化进程中的乡村历史痕迹

（2）风景旅游型公园绿地

此类公园绿地以村庄中的风景旅游区、文化古迹和产业经济为主。在为村庄居民提供休闲娱乐的同时，更多是对外提供其风景旅游资源，为农村居民提供经济收益和就业机会等，包括两类（表 3-2）。

表 3-2　风景旅游型公园绿地建设要点

公园类型	建设要点
风景旅游、文化古迹等为主的公园	在保护和修复的基础上，利用乡土树种和复古种植等方式尽量营造原有的历史植物景象，在提供给游人优美旅游环境的同时，体现源远的历史情怀
林产（苗木、果蔬采摘等）经济为主的公园	农耕、果蔬采摘等实践活动是此类公园的特色，由于村庄面积限制，一般绿地面积不大，规模上偏小、品种多、布局合理，重点体现农家乐的风格，通常结合生产绿地进行建设

2．公园绿地绿化建设要点

（1）如今，村中年轻人外出打工的很多，留守老人和儿童，因而在建设村庄公共绿地时，应充分考虑老人和儿童的活动需要，一般包括：实用的休憩设施，如在落叶大乔木下设置座椅等；为老人设置的喝茶、打牌设施及村民健身设施，为儿童设置的滑梯、秋千、沙坑等；充足的绿化以丰富景观层次和色彩；少量面积的硬质铺装，通常采用广场砖或水泥铺地；一定的照明设施，方便村民晚间使用。此外，还可以设置适宜的历史名人、传奇故事雕塑等，以增添文化氛围。

（2）成功的村庄公共绿化，是人们进行活动的载体，最能体现村庄个性和特色。规划时要留有足够的空间，用绿化作为分割，以满足不同人群的需求。通常可用小花坛、树池座椅、花架长廊等方式弱化分区，形成老人休闲和儿童玩耍场地的自然过渡。对于有条件的村庄，可以在村庄中心将绿化广场与商业建筑相配合，结合一些喷泉、小品等零星的构筑，形成全村商业、休息、娱乐活动中心。

（3）村庄公园的种植设计，是村庄绿化的亮点所在，应充分结合本地气候环境，适地适树，常绿与落叶、观花与观叶合理搭配，讲求点线面协调，采用乔灌草复合的绿化形式。宜采用形态、色彩俱佳的树种，如雪松、香樟、广玉兰等常绿乔木；梧桐、火炬树、海棠、白玉兰等落叶乔木；柑橘、山茶、月季等常绿灌木；连翘、金钟花、珍珠梅、锦带花等落叶灌木；紫藤、凌霄等藤本；万寿菊、一串红、鸡冠花等草花地被。

（三）生产绿地绿化模式

随着部分农村生活生产活动的逐渐减少，生产绿地只在一些中心村或者经济比较发达的村庄保留，宜将其部分慢慢融入村庄公园绿地或居住绿地中去。生产绿地在形式上属于整个村庄绿化内容的补充与丰富，与其他绿地同样发挥生态价值和景观效果的同时，更多的是获取经济效益。根据村庄的地理位置特征和村庄产业的主要作物，把生产绿地绿化模式划分为农田绿化模式和经济林绿化模式。

1．农田绿化模式

此类模式主要适用于平原地区的村庄，通常以种植蔬菜、庄稼等农作物或苗木等，如村民日常生活所需的葱蒜、青菜、丝瓜、南瓜以及树苗等。这种绿化模式既保证了农村有限土地的合理利用，同时为村庄的生产、生活添加更多农耕乐趣。

2．经济林绿化模式

此类绿化模式主要在丘陵山区，以种植果树、苗木等为主：一方面满足村民自家的生活所需，还可以吸引旅游的城乡居民来此采购；另一方面，种植的大量杨梅、桃、葡萄、梨树、茶园、竹园等可以作为经济的主要来源。苗木品种要更加多样化，但村庄内部用地通常比较紧张，因此一块地一般只种植一个品种。

（四）防护绿地绿化模式

村庄的防护绿地主要是指村庄内部的林带防护林。对于比较小的自然村来说，仅仅只是建设的围庄林带，功能不仅是防护，更多是在有效的空间内提供游憩环境；但对于较大的村庄来说，通常根据村庄的大小和内部结构布局灵活布置绿化，适宜建设各类防护林带。根据防护绿地的功能不同，主要把绿化模式划分为单一防护林带模式和游憩防护林带模式。

1. 单一防护林带模式

此类模式主要是针对较大的村庄绿化，通常结合城市防护绿地的规划方式，形成包括道路防护林带、组团防护隔离带、卫生隔离带和围庄防风林带等在内的综合防护林带，其中在组团防护隔离带和围庄防风林带里可适当设置娱乐游憩设施。

2. 游憩防护林带模式

此类模式主要针对较小的村庄绿化，主要在村庄周围建设围庄林带。因为村庄较小，围庄防护林很靠近居民，村民可充分利用这样的环境资源，并且外围或有更大的防护林带。除具有防护功能外，还兼具一定的游憩娱乐功能，可以布置一些休闲活动设施，如座凳、栈道等，带来生态和景观上的双重效益。

规划围庄林带应考虑村庄外缘地形和现有植被等因素，因地制宜地进行。林带要与村庄的盛行风向垂直，或有30°的偏角，尽可能地保持林带的连续性，提高防护功能。种植方式一般采用规则式，株距因树种不同而异，通常1～6m，还可进行块状混交造林。树种的选择采用乔灌草相搭配的形式，多营造树形高大、树冠枝叶繁茂的乔木，一般尽可能选择速生树种，以便尽早发挥林带的防护作用，也可栽植经济林木或果树，如银杏、柑橘、柿树、枣树等，在美化环境的同时取得一定的经济效益。杭州地区常用树种有杉木、板栗、核桃、油茶、柑橘、毛竹等。

（五）其他绿地绿化模式

村庄中除了点状的庭院、单位附属地，段状的道路、河流，面状的广场、村庄废弃地、空置地外，还存在一些可绿化的小面积零碎隙地，主要存在于公共基础设施，如变电室、厕所、井台等周围。这些基础构筑物较为分散，是否能够很好地绿化，对提升一个村庄的整体绿化有着重要意义。由于空隙地比较细碎，通常采取“宜林宜绿、见缝插绿”的绿化模式，各零碎地的建设要点如下。

变电室、垃圾收集房等设施，考虑用冬青、黄杨、小叶女贞等枝叶浓密的绿篱植物或者竹类等植物材料进行遮挡美化，仿造院墙下基础种植的方式进行美化。对于新建的这类基础设施，可以结合乡土建筑风格设计其外观，用植物进行覆盖屋顶绿化。

厕所一类基础设施的使用率较高且不宜隐藏，绿化时采用半遮挡的方式进行处理，一侧种植略微高大的小乔木，建筑顶部种植草本植物，墙体使用攀缘植物立体绿化，不仅使绿化具有安全性和遮蔽作用，而且使一个原本孤立的建筑达到生态美化的效果。

井台旁是原始村落中使用率和村民出现率较高的地方，由于自来水的出现，现在的井台已经失去了原有的功能。绿化时可利用这块空地，在保证其安全性后在附近种植冠大荫浓的树木，设置座椅，提供休闲的好去处。

菜园周边的绿化一般采取散植和围合两种绿化方式：散植绿化是指在菜园地内种植一株或分散种植几株树木的绿化方式，一般选择主干明显、冠幅较小的乔木，如水杉、池衫等，也可种植梨、苹果、杨梅等主干式树形为主、枝下高 2m 以上的树木，这种方式可避免高大树木的浓荫遮盖地面，影响蔬菜生长，也能打破大范围平坦菜地带来的视觉单调感。菜地的边角处空间较大，在距离田垄较远的地方，选用冠幅较大的落叶乔木树种，如泡桐、柿树等，方便夏日村民劳作休息。

围合绿化是指在大片分户种植的集体菜地外围进行的绿化。一般选择低矮的小灌木，成排种植，形成绿篱。小乔木的种植与菜园地的距离不宜太小，要考虑光照方向和林木间距，保证蔬菜采光良好。树种选用树冠整齐、形态美观、具有观赏价值的经济林木或果木，如银杏、柑橘树等；庭院内或宅旁小面积菜园绿化时，可作为一个小花园去规划，在菜园内散植少量独干花木，在其四周栽植绿篱及开花树木，如用桂花、樱花等包围，将蔬菜作为地被植物去栽培。

四、庭院景观设计

村庄庭院是与村民生活、生产联系最紧密的场所，是组成村庄聚落的基本单元。村庄庭院是指农村平房和独门独院式住宅庭院，主要包括庭院和房屋前后的零星空地。庭院景观规划设计不仅可以改善居民的生活环境，提高村民的生活质量，村庄绿化还可以运用园林学和乡村旅游学的理论，创造“小花园”“小果园”“小菜园”等具有地方特色的庭院，带动地方特色经济和乡村旅游业的发展，解决农村剩余劳动力，促进农民增产增收。

（一）庭院景观设计要点

第一，庭院景观的设计应选择既美观又实用的绿化树种，使其既能起到遮阴避暑、美化环境的作用，又能获取一定的经济效益。植物布置应与村庄住宅的房屋形式、层数和庭院的空间大小相协调，植物造景应与庭院绿化的总体布局相一致、与周边环境相协调，植物选择还应满足住户卫生、采光、通风等需求。

第二，庭院景观设计的植物种植要保持合理的密度，造景设计应以成年树冠大小为主，还应考虑树木间距以及近期效果和远期效果的结合。植物配置时应采用乔木与灌木、常绿树与落叶树、观叶树与观花树、速生树与慢长树互相搭配的方式进行栽植，在满足植物生长条件下尽量达到复层绿化的效果。庭院景观设计的植物造景还应充分考虑利用植物随着季节的变化交替出现的色相变化，创造不同的庭院景观。

第三，庭院景观设计还应采用垂直绿化、屋顶绿化和盆栽绿化等方式开拓绿化空间，扩大绿色视野，提高绿化覆盖率。

（二）庭院景观设计模式

1. 林木型庭院景观模式

林木型庭院景观模式是指在庭院种植以用材树为主的经济林木，其特点是可充分利用有效空地，根据具体情况种植高效高产的经济林木，以获取经济效益。

绿化宜选用乡土树种，以高大乔木为主、灌木为辅。

屋后绿化以速生用材树种为主，大树冠如泡桐、楸树等，小树冠如水杉、池衫等。在经济条件较好的地区——在屋后可种植淡竹、刚竹等经济林木，增加经济收入。

屋前空间比较开敞的庭院，绿化要满足夏季遮阴和冬季采光的要求，但植树规模不宜过大，以观赏价值较高的树种孤植或对植门前为主。选择枝叶开展的落叶经济树种为辅，如果、材两用的银杏；叶、材两用的香椿；药、材两用的杜仲等；对于屋前空间较小的庭院，在宅前小路旁及较小空间隙地，宜栽植树形优美、树冠相对较窄的乡土树种。

对于老宅基地，在保留原树的基础上补充栽植丰产、经济价值较高的水杉、池衫、竹类等速生用材树种。在清除原有老弱树和密度过大的杂树时，尽可能多地保留原本就不多的乡土树种，如桂花、柳、银杏等。院内种植林木要考虑其定干高度，防止定干过低，树枝伤害到人畜；在庭院与庭院交界处，要确定合理的定株行距，来保持农户间所植苗木相对整齐。

2. 果蔬型庭院景观模式

果蔬型庭院景观模式是指在庭院内栽植果树蔬菜，在绿化美化、自给自足的同时，还能带来经济效益的一种绿化模式。此模式适用于现有经济用材林木不多或具有果木管理经验的村庄或农户。农户可根据自己的喜好，在庭院内小规模种植各类果树和蔬菜等品种。有条件的村庄，可发展“一村一品”工程，选择如柑橘、金橘、枇杷、杨梅等适生树种，形成统一的村庄绿化格局，又可获得较好的经济效益。

经济果木可根据当地情况选择适宜生长的乡土果树，如梅、枇杷、金橘、柑橘等果树，宜采用1～2种作为主栽树种，根据果树的生物学特性和生态习性进行科学合理的搭配。

在大门口内侧可配置樱桃、苹果等用于观花、观果的果树，树下再点缀耐阴花木，当果实成熟时，满树挂果，景象非凡。在果树旁种植攀缘蔬菜，树下围栏种植一些应时农作物，产生具有层次的立体绿化效果，既美观实用，又节约土地。

在路边、墙下开辟菜畦，成块栽种辣椒、茄子、西红柿等可观果的蔬菜，贴近乡村生活，自然大方。院落一角的棚架用攀缘植物来覆盖，能够形成富有野趣和生机的景观，同时具有遮阴和纳凉功能。

选择不同果蔬，成块成片栽植于院落、屋后，少量植于院墙外。果树栽植密度应依品种、土壤条件，庭院中一般在靠墙一侧呈单排种植果树，在树下种植蔬菜时，要注意果树的枝下高度，以保证采光，其种植密度与田间类似。

3. 花草型庭院景观模式

花草型庭院景观是指结合庭院改造，以绿化和美化生活环境为目的的绿化模式。此类绿化模式通常在房前屋后就势取景、点缀花木、灵活设计。选择乡村常见的观叶、观花、观果等乔灌木作为绿化材料，绿化形式以园林常用的花池、花坛、花镜、花台、盆景为主。花草型庭院多出现在房屋密集、硬化程度高、经济条件较好、可绿化面积有限的家庭和村落。

房前一般布置花坛、花池、花镜等。为了不影响房屋采光，一般不栽植高大乔木，而以观叶、观木或观果的花灌木为主。房前院落的左右侧方，一般设计为花镜、廊架、绿篱或布置盆景，以经济林果和花灌木占绝大多数，有时为夏季遮阴也布置树形优美的高大乔木，如楸树、香樟等。屋后院落一般设计为竹园、花池、树阵或苗圃，主要植物种类有刚竹、孝顺竹、银杏、水杉、朴树等，以竹类和高大乔木为主。

此类模式的绿化乔木可选择一些常绿树种，如松、柏、香樟、广玉兰和桂花等。花卉可选取能够粗放管理、自播能力强的一、二年生草本花卉或宿根花卉，进行高、中、低搭配，常见栽培的园林植物有鸡爪槭、红叶李、桂花、木槿、石楠、茶花等；绿篱植物主要有黄杨、栀子、小叶女贞、金钟花、连翘、小蜡等。

4. 综合型庭院景观模式

这种景观模式是前面几种模式的组合，也是常见的村庄庭院景观设计形式，通常以绿化为主、硬化为辅；以果树和林木为主、灌木和花卉为辅。景观设计形式不拘一格，采用林木、果木、花灌木及落叶、常绿观赏乔木等多种植物进行科学、合理配置，在绿化布置时因地制宜，兼顾住宅布置形式、层数、庭院空间大小，针对实际条件选择不同的方案加以组合。植物材料布置在满足庭院的安静、卫生、通风、采光等要求的同时，要兼顾视觉美和嗅觉美的效果，体现农家整齐、简洁的风格。

庭院一般采用空透墙体，以攀缘植物覆盖，形成生态墙体，构成富有个性的、精致的家园；也可采用栅栏式墙体，以珊瑚树做基础种植，修剪成近似等高的密植绿篱围墙，生态、经济、美观，且具有一定的实用性。建筑立面的绿化一般在窗台、墙角处放置盆花；墙侧设支架攀爬丝瓜、葫芦；裸露墙面用爬墙虎等攀缘植物进行美化点缀。

庭院花木的布置可在有一种基调树种的前提下，多栽植一些其他树种。农户也可根据自己的需要和爱好选种花木，自主布局设计，仿照自然生长，实行乔、灌、草、三层结构绿化（其中草本、地被可采用乡村常见蔬菜）。综合型庭院绿化将花卉的美观、果蔬的实用、林木的荫蔽，共同集中组合在庭院中，创造丰富的景观效果。

五、建筑立体绿化景观

建筑立体绿化，运用立体空间或是少量的土地种植一些藤本植物，以达到一定的绿化效果。建筑立体绿化具有占地少、适应性强、繁殖速度快等特点，垂直绿化可以充分利用村庄庭院的空间，不仅增强庭院绿化的立体效果，还会大大提高村庄绿化量和村庄绿地覆盖率。另外，垂直绿化可以通过藤本植物的蒸腾作用和遮阴效果，大大减少阳光的辐射强度，使夏季室内的温度降低。据有关测定，具有“绿墙”的住房的室内温度比无“绿墙”的住房低13～15℃。冬季落叶后，藤本植物不仅不会影响太阳的照射，它附着在墙面上的枝茎还可以形成一层保温层，能够起到调节室内气温的作用。大多藤本植物的叶面不平、多绒毛，能够分泌有黏性的汁液，具有较强的滞尘能力，能够不断过滤和净化空气。藤本植物宽大、密实的藤蔓枝叶可以吸收和反射声波，能够减少噪声能量，具有一定的隔音作用，使村庄庭院保持安静的环境。藤本植物还可以隐蔽庭院厕所、垃圾场等，加强建筑与周边环境的联系。

建筑立体绿化主要包括院墙绿化、屋顶绿化和棚架绿化三种形式。

（一）院墙绿化

院墙绿化是利用具有吸附、缠绕、卷须、钩刺等攀缘特性的植物对院墙表面进行的一种绿化形式，是一种占地面积小且覆盖面积大的绿化形式，其绿化覆盖面积能够达到栽植占地面积的几十倍以上。在院墙绿化植物的配置和选择时，应根据植物的攀缘方式、墙面质地、墙面朝向、墙体高度、墙体形式与色彩和当地气候条件等因素选择合适的植物种类和配置方式。农村常用的院墙绿化植物有爬山虎、三叶地锦、五叶地锦、牵牛花、山葡萄、凌霄、金银花、常春藤等。

（二）屋顶绿化

屋顶绿化可采用多种绿化方式，可采用盆景、盆栽花草进行绿化；也可以结合屋顶状况设置藤架、种植攀缘植物；还可以在屋顶铺垫种植土，种植花草树木。由于屋顶具有光照强、风速大、蒸发快等特点，并且由于受荷载因素的限制，屋顶土壤层厚度一般都较小。因此，屋顶绿化选择的植物应注意以下特点：选择耐旱、耐寒的矮灌木和草本植物；选择耐贫瘠的浅根性植物；选择抗风、抗空气污染、耐积水、不易倒伏的植物；选择容易移植成活、耐修剪、生长较慢的植物；选择可以实施粗放管理、养护要求较低的植物。农村屋顶绿化常用的花灌木有月季、牡丹、梅花、迎春、连翘、榆叶梅等，常用的地被花卉有万寿菊、杜鹃、一串红、鸡冠花、马兰、石竹等，常用的攀缘植物有紫藤、凌霄、爬山虎、常春藤、葡萄、金银花、多花蔷薇等，常用的地被植物有早熟禾、结缕草、野牛草、麦冬等。

（三）棚架绿化

棚架绿化是农村建筑立体绿化最普遍的一种绿化方式，棚架位置应根据庭院面积和住宅的使用要求确定，棚架应与房屋保持1m以上的距离，以避免影响室内采光和植物虫害侵入室内。在农村庭院中适合棚架绿化的植物种类常见的有葡萄、丝瓜、扁豆、藤蔓、苦瓜、小葫芦等。这种绿化方式简单易行，不仅能够达到乘凉、美化庭院的效果，而且能产生一定的经济价值。

第四章　乡村景观规划的方法构成

第一节　乡村规划的模式

建设现代乡村，是当前世界上任何一个国家或者地区通过传统社会发展向现代社会逐渐转型过程中的一个重要阶段。发达国家以及我国的一些比较先进地区现在也已经历了这一重要的历史阶段，并且取得了非常好的成就，同样也积累了非常丰富的历史经验，只有对其做出总结与分析，才能在美丽乡村建设过程中少走弯路。

模式就是在一定地区、一定历史条件下，具有特色的发展路子。乡村发展的模式最终都要体现在地域层面，也就是在特定的自然、经济条件中，因为产业结构、技术构成、生产强度、要素组合等多个类型之间存在的不同，进一步形成了比较特殊的地区经济发展模式。

一、国外美丽乡村建设的模式

发达国家在城市化的初期，因为城市的迅速扩张而导致了城乡发展不平衡，从而产生了一系列的问题，如农村劳动力逐渐老化、农村景观丧失。之后，发达国家迅速进入一个重要的调整阶段，乡村建设发展逐渐受到政府的重视。

（一）韩国“新农村运动”模式

韩国位于朝鲜半岛的南部，国土面积只有 9.92 万 km^2，并且耕地只占国土面积的约22%，平均每一户有 1 公顷多，人口密度每平方千米大约为 480 人。20 世纪 60 年代，韩国在国内迅速推动了现代城市化的发展，导致了城乡之间发展严重不平衡，农村问题异常突出。农民的收入非常低，甚至有 80%的农民基本的温饱问题都没有解决，农民意识也出现了消极懒惰的状况。在这样的历史背景下，政府提出了以农民、相关机构、指导者间合作作为主要前提的“新村培养运动”的倡议，随后则称为“新农村运动”。通过多年的不懈努力，韩国的农村终于改变了落后的面貌。

1. 主要内容及实施

韩国的“新农村运动”主要内容有三个方面的内容：一是改善农民的居住环境。韩国政府主要是以实验的性质提出来对基础环境加以改善的十大事业，也就是进一步实施了修缮围墙、挖井引水、改良屋顶、架设桥梁以及整治溪流等多方面的措施，改变了农村的基本面貌；二是进一步增加农民收入。通过耕地的整治、河流的整理、道路的修建、改善农业的基本生活条件；新建新乡村工厂，吸纳当地的农民特别是农村妇女就业，大量增加农业之外的收入；三是发展公益事业。大力修建乡村会馆，为村民们提供可以经常使用的公用设施与活动场所。

2. 主要成效与问题

经过长达三十多年的不断努力，韩国的“新农村运动”发展也取得了很大的成功，农村的公共设施建设以及农业的生产条件都获得了很大提高，乡村的环境以及面貌也都得到了显著的改善，并且还在增加农民的所得方面取得了非常惊人的成效。“新农村运动”一词也已经被列入了《不列颠百科全书》[1] 中，被世界公认为“汉江奇迹”。

（二）德国的“村庄更新”模式

德国开展的“村庄更新”模式的一个非常重要的内容就是：对老的建筑物加以修缮、改造、保护与加固；改善与增加村内的公共基础设施；对一些闲置的旧房屋实施修缮与改造；对山区以及一些低洼易涝的地区增设防洪的基本设施：修建人行道、步行区，改善村内的基本交通情况。

德国的村庄更新也具有一定程序。首先，当地的村民提出来对村庄进行改造的申请之后，需要通过当地政府审核；审核通过之后才可以开展改造工程建设。其次，在确认好申请的相关事情之后，具有了一定的可行性和必要性建设计划，需要将申请的村庄纳入更新的计划中去。最后，由土地所有者们组成一个合适的团体，而且需要专门聘用相应的规划师和建筑师，在对村落的基础资料做出非常详细的研究基础上进行有效的设计加工，其中主要包括对人文条件资料以及自然条件资料的规划和审核。因此，德国的村落更新计划之中所采取的措施，重点依赖当地村民的积极参与和政府大力的支援，不仅建立在十分科学严谨的调查和分析的基础上，同时还进一步吸取了广大村民的宝贵意见，因此十分方便操作和实施。

二、国内美丽乡村建设的模式

对于美丽乡村建设的模式，国内还没有一个比较统一的界定。一些地方主要是针对本地的实际，针对美丽乡村建设概念的理解也存在一定差异，所以，探索出了不同的风格模

[1] 《不列颠百科全书》（*Encyclopedia Britannica*）（又称《大英百科全书》，EB），被认为是当今世界上最知名也是最权威的百科全书，是世界三大百科全书（《美国百科全书》《不列颠百科全书》《科利尔百科全书》）之一。

式和建设实践模式。

（一）安吉模式

浙江省安吉县是美丽乡村建设探索的成功例子。安吉县为典型山区县，在经历工业污染的痛苦之后，该县最终下决心治理，在20世纪末，放弃了既定的工业立县道路，并且还在21世纪初提出了生态立县发展的未来战略。安吉县计划用10年的时间，通过“产业提升、环境提升、素质提升、服务提升”，努力将全县打造成一个“村村优美、家家创业、处处和谐、人人幸福”的美丽乡村。

随后，安吉县就通过“两双工程”（双十村标范，双百村整治）及美丽乡村的创建，极大地改善了社会的经济发展面貌，同时还拥有了“全国首个国家生态县”，“中国竹地板之都”“中国人居环境范例奖”“长三角地区最具投资价值县市（特别奖）”等多个荣誉称号。

安吉县的美丽乡村建设设定的基本定位主要是：立足县域抓提升，着眼于全省建设试点，面向全国做出示范，明确了“政府主导、农民主体、政策推动、机制创新”的基本工作导向，逐步推进创建工作。安吉模式的成功为我们提供的一个十分重要的经验，就是要突出生态建设、绿色发展。

（二）高淳模式

江苏省南京市的高淳区，针对美丽乡村的建设主要是以打造“长江之滨最美丽的乡村”为最终发展目标，以“村强民富生活美、村容整洁环境美、村风文明和谐美”作为主要建设内容。

1. 鼓励发展农村特色产业

鼓励特色产业发展，使农村达到了村强民富的生活美目标。高淳县把“一村一品、一村一业、一村一景”定位成基本的工作思路，针对村庄的产业与生活环境做出比较个性化的塑造以及特色化的提升，逐渐形成古村保护型、生态田园型、山水风光型、休闲旅游型等多种发展特色、多种形态的美丽乡村建设情形，基本上实现了村庄的公园化。同时，通过跨区域的联合开发、整合现有土地资源、以股份制的形式合作开发等，大力实施了深加工联营、产供销共建、种养植一体等多种产业化的项目；深入群众开展村企结对等多项活动，建设起了一大批高效农业、商贸服务业、特色旅游业项目，使农民可以就地就近创业，以便解决就业问题，增加农民收入。

2. 努力改善农村环境面貌

通过改善农村环境，实现村容整洁的环境美发展目标。同时，以“绿色、生态、人文、宜居”为主要基调，高淳区集中开展了“靓村、清水、丰田、畅路、绿林”五位一体的美丽乡村建设活动。与此同时，结合美丽乡村的基本建设，扎实开展了动迁、拆违、治乱、整破等专项行动，城乡的环境面貌得以根本优化。

3. 建立健全农村公共服务

通过对农村公共服务的改善，达到了村风文明和谐美的主要发展目标。高淳县重点完善公共服务发展体系建设，深入推进了现代农村社区服务中心以及综合用房的建设，深入开展各种形式的乡风文明建设活动，推动现代农民生活发展方式朝着科学、文明、健康方向不断前进、提升。

三、当前乡村建设的有效模式

按照各个村的不同特征，按照不同类型地区自然资源所具有的禀赋、社会经济的发展水平、产业发展的主要特点及民俗文化的传承差异，坚持做到因地制宜、分类指导的基本原则，美丽乡村的创建内容也得以因村施策、各有侧重、突出重点、整体推进。根据美丽乡村的创建重点与相关目标，分成下列几种主要模式。

（一）产业发展型模式

产业发展型，主要是利用不同地区的特征，因地制宜，发展产业，而得到乡村振兴的目的。

1. 渔业开发型模式

主要在沿海和水网地区的传统渔区，其特点是产业以渔业为主，通过发展渔业促进就业，增加渔民收入，繁荣农村经济，渔业在农业产业中占主导地位。

2. 草原牧场型模式

主要在我国牧区半牧区县（旗、市），占全国国土面积的40%以上，其特点是草原畜牧业是牧区经济发展的基础产业，是牧民收入的主要来源。

3. 城郊集约型模式

主要是在大中城市郊区，其特点是经济条件较好，公共设施和基础设施较为完善，交通便捷，农业集约化、规模化经营水平高，土地产出率高，农民收入水平相对较高，是大中城市重要的“菜篮子”基地。

（二）生态保护型模式

生态保护型的美丽乡村模式建设，重点是要体现在生态优美、环境污染少的地区，其主要特点就是自然条件非常优越，水资源与森林资源十分丰富，具有传统的田园风光与乡村典型特色，生态环境优势十分明显，将生态环境的优势变成经济优势的潜力非常巨大，适宜发展生态旅游。

（三）文化传承型模式

文化传承型的美丽乡村建设模式，主要是在具有非常特殊的人文景观的地区，其中还包括古村落、古建筑、古民居和传统文化发展的各个地区，其主要特点就是乡村文化的资源十分丰富，具有非常优秀的民俗文化和非物质文化，文化展示与传承的潜力非常大。

（四）休闲旅游模式

休闲旅游型的美丽乡村规划设计模式，重点是在一些比较适宜发展乡村旅游的区域，其主要特点就是旅游资源十分丰富，住宿、餐饮、休闲娱乐的基础设施十分完善，交通非常便捷，距离城市通常都比较近，适合城市人在农村进行休闲度假，发展乡村的旅游潜力非常大。

（五）高效农业型模式

高效农业型的美丽乡村模式建设重点是我国的农业主产区，其典型特征就是以发展农业作物生产为重点，农田水利等农业基础设施相对比较完善，农产品的商品化率与农业的机械化发展水平比较高，人均耕地资源丰富，农作物的秸秆产量相对比较大。

第二节　乡村规划设计的内容

一、乡村产业规划设计

经济发展与生活富裕都属于“美丽乡村”建设的重要物质保障。经济发展和生态环境之间的关系紧密联系，良好的生态环境属于十分重要的可持续发展基础。随着当前社会经济的快速发展，生态环境和经济快速发展之间存在的矛盾越发明显。

（一）推动优势特色产业

特色产业主要是在一定区域范围之内，以资源条件作为基础，以创新生产技术、生产工艺、生产工具、生产流程以及管理组织方式为重要条件，制造或者提供一个具有竞争力的产品与服务的部门或者行业。在推进美丽乡村建设过程中，应该充分认识本村的自然资源，结合当前已有的产业基础，选择一个比较合适的产业发展道路。

（二）推动乡村休闲农业发展

在现代社会发展过程中，生活节奏越来越快，工作家庭等各个方面的压力正在逐渐加大，人们祛除浮躁，回归自我。所以，在美丽乡村建设过程中，应该善于利用和开发自然界所赋予人类的十分独特的资源，以便能够提供旅游休闲服务，这种发展模式一旦运行得当，必然能够产生很好的成果。

休闲农业的一个最主要特点就是在经济发达的条件下，充分满足当代城市人的休闲需要，利用农业景观资源与农业的生产条件，发展观光、休闲、旅游的一种新型的农业生产经营形态。休闲农业的基本属性也是需要以充分开发具有典型观光、旅游价值的农业资源以及农业产品为其重要前提，将农业生产、科技应用、艺术加工以及游客参加农事活动等都充分融为一体，供游客领略在其他风景名胜之中欣赏不到的典型大自然情趣。休闲农业往往都是以农业活动为主要基础，农业与旅游业结合在一起的一种全新的交叉型产业，同时也属于以农业生产为主要依托，和现代旅游业充分结合在一起的一种高效农业，主要分成下列四种基本类型。

1. 农事体验型

主要是按照各地的特色以及时节的变化而设置的各种完全不同的农事体验活动，精心打造出一个现代化的农业园区，集可看、可吃、可娱等多功能于一身的休闲农业精品园。

2. 景区依托型

主要是通过乡村旅游对生态资源、产业资源做出项目化的整合处理，推进环境优势不断朝着产业的优势发展转化，有效地带动一批农业基地与加工企业的发展建设，把一系列农副产品发展成为休闲旅游商品。

3. 生态度假型

主要是依托比较优良的自然山水资源，融合现代生态养生的生活理念，借鉴台湾的“民宿”发展相关经验，加大周末的观光朝着休闲养生的方向不断转变，拓展服务的功能。加快大型现代生态农庄、高档休闲会所、老年养生公寓的发展建设步伐。

4. 文化创意型

主要是出台了休闲产业与文创产业有关的扶持政策，并且依托农业园区、示范基地以及旅游集散地的辐射功能，大力推进了现代乡土文化培育和产业化的运作，建设展示和体验于一体的农村典型文化创意馆所，加大了农家乐的休闲旅游业文化发展内涵。

（三）鼓励农民自主创业

传统劳动力与土地资源是现代农民增收的主要渠道和依靠。要尽可能快地、长效地促进农民的收入水平提高，应该充分坚持就业和创业并重的方式，在大力推进现代农村劳动力发展转移的基础上，鼓励农民自主创业发展，使更多农民可以通过直接掌握现代生产资料去创造财富，提高资产性的收入在农民收入之中所占的比例。为进一步促进农民的增收，通过引导和扶持，将一大批比较符合条件的，富有创业、创新精神的农民创业主体，逐渐培育成现代农业经济组织的法人或者企业法人，使他们成为有技术、善经营、会管理的新一代农民。因此，政府与社会的各个方面一定要采取切实有效的发展引导措施，鼓励农民积极创业。

二、美丽乡村空间规划设计

（一）村庄环境整治

整洁而优美的村庄环境往往都进行美丽乡村建设的重要核心内容，体现出来的也是一种内在“美”。建设一个宜居宜业宜游的乡村，使之成为农民幸福生活家园以及市民休闲旅游的重要乐园，不仅需要高度重视规划建设层面的高水平、高质量，更需要进一步重视管理创新，持续促进美丽乡村建设得以可持续发展。

1. 整治生活垃圾

对农村积存的垃圾进行集中清理，完善村中的环卫设施布局，提高建设垃圾收集设施的行业标准，做到村庄内的垃圾箱数量、位置摆放合理，颜色与外形以及村庄的风貌保持相互协调。落实村中的保洁队伍，强化村庄内的生活垃圾集中无害化处理，积极推动村庄内的生活垃圾分类收集、源头减量、资源利用，建立一个相对较为完善的“组保洁、村收集、镇转运、县处理”生活垃圾收运处置体系。

2. 整治乱堆乱放

全面清除村中已经存在多年的露天粪坑，整治村内的畜禽散养方式。拆除严重影响村容村貌的建筑物，整治原有的破败空心房、废弃住宅、闲置宅基地及闲置的用地，从而能够做到宅院物料存放有序，房前屋后整齐干净，无残垣断壁。电力、电信、有线电视等线路以架空方式为主，杆线排列整齐，尽量沿道路一侧并杆架设。

3. 整治河道沟塘

对影响河道沟塘的一些有害水生植物、垃圾杂物以及漂浮物等进行有效的清理，疏浚原本淤积的河道沟塘，重点整治污水塘、臭水沟。尽快实施河网生态化改造，加强农区的自然湿地保护工作，努力建设成为一个“水清、流畅、岸绿、景美”的村庄水环境。

4. 整治生活污水

优先推进处于环境敏感区域、规模相对比较大的规划布点村庄以及新建村庄生活污水的整治。建立村庄内的生活污水治理设施有效管理体制机制，保障已经建设起来的机制正常运行。

（二）使用清洁能源

美丽乡村不只需要建设美丽的绿水青山，更需要建设的是对低碳减排的开发以及现代生活方式的大力培养。农村不仅是能源的主要消费场所，同时也是能源的重要生产者；不仅是废弃物的主要产生地，同时也是废弃物资源化利用的重要开发地。可以运用沼气、太阳能、秸秆固化碳化等一些可再生的能源开发技术，大力推进沼气的供气发电、沼肥的储运配送或者太阳能光热等技术条件在现代农业生产、农村生活之中的大力应用，从而很好地实现物质能量的循环利用，有效地提高现代农业资源的利用率，进一步改变农民的传统生活方式，提高节能环保相关意识，为进一步培育现代新型农民奠定坚实的基础。

1. 沼气

沼气作为一种可再生能源或者是清洁能源，被我国各级政府确定为可以很好地解决我国农村能源使用问题的能源。它能用于做饭、照明、发电、烧锅炉以及进行食品加工等，也能替代汽油、柴油等用于农村的机械动力能源等，不仅十分方便，而且非常干净。

2. 太阳能

太阳能属于一种可再生清洁能源，当前已经在中国得到大范围运用。为了能够进一步推动农村节能节材，进一步促使农村路灯、太阳能的供电、太阳能热水器等多个方面的太阳能综合利用进村入户，持续拓宽农村能源的生态建设基本内容；在水产养殖、养猪、花卉苗木等方面也极大地推广了地源热泵、太阳能集中供热等多个系统。太阳能在现代农业生产和发展过程中得到十分广泛的运用，可以有利于减少化肥、农药的使用量，极大地提高农产品的质量及其安全水平。

3. 风能

风能属于一种因为地球表面的大量空气流动而形成的动能，是一种可再生、无污染并且储量非常大的清洁能源。开发利用风能资源，不仅是开辟能源资源十分重要的途径之一，同时也属于减少环境污染的重要措施。

（三）美丽乡村基础设施建设

基础设施建设要充分考虑当地的财力以及群众的承受力，防止加重农民负担，增加乡村的负债；不仅需要突出建设发展的重点所在，还应该优先解决农民最急需的生产生活设施，同时也需要始终注意加强农业的综合生产能力建设，促进农业的稳定发展以及农民的持续增收，切实防止将美丽乡村建设变成表面形式的一种建设。

三、美丽乡村生态环境建设

生态保育主要指对物种与群落进行保护与培育，以便能够保护生物发展的多样性，保持生态系统的结构以及其功能的相对完整性，生态保育并不能完全排除对资源的有效利用，而主要是以其持续利用作为主要目的。通过对生态系统进行生态保育，能够让濒危物种获得有效的保护，使受损的生态系统结构以及功能都得到有效恢复。

（一）加强生态多样性保育

1. 重视环境教育

通过环境教育进一步丰富民众保护环境的知识、技能不当，民众的环保意识、环境素质都得到了比较大的提升。美丽乡村的建设还应该高度重视环境教育，建立学校环境教育与社会环境教育的发展体系，提升自然人、企业管理者、公务员保护环境方面的相关知识、技能、生态伦理和责任。尤其要高度重视学校的环境教育，培育拥有正确的环境伦理观以及良好环境素质的公民。

2. 综合运用法律、行政与经济手段

要充分有效地利用排污收费、环境补偿费、排污权交易等相关经济手段以及市场机制，使守法的成本与收益都能远超其违法成本与收益，才可以真正达到保护环境与生态的基本目标。为鼓励农民植树造林、修补山坡地，应该推出造林的一系列奖励政策。

3. 设立特殊保护区域

为了保护与恢复现代自然生态环境，应该在一些环境比较敏感的地区设立自然保护区、野生动物保护区、野生动物重要的栖息场所等相关的自然生态保育特殊保护范围。各类的自然保育比较特殊的保护区域的设立，严格地限制了资源的利用和开发，有限地保护野生动、植物的栖息场所，对森林以及山坡地的保育、水源区的保育、水土的保持、生物多样性的保护等，都发挥了十分重要的作用。

4. 调整产业结构，注重源头污染治理

运用兼顾环保的基本经济发展相关政策，调整产业的基本结构，注重源头的污染减量。鼓励农业不断向休闲、有机、生态等方向可持续发展。大力推广有机肥和生物肥料的使用，重视农业环境的生态保护，以便能够减少农业生产对于环境造成的相关冲击，进而能够达到不仅提升农业产品发展创新服务和品质安全的效果，而且可以达到保护生态环境与土地资源复育的目的。

农村生态环境的好坏可以直接关系美丽乡村规划建设的程度高低，开展生态环境保育不仅能够提高广大农村居民的生活质量及改善生存环境，更是建设全面和谐社会的重要内容。

（二）保护生物多样性

生态多样性保护一直都是实现人类社会发展的重要环境基础，也属于当今国际社会发展需要高度关注的核心问题，但是因为自然、人为及制度等方面的原因，生物多样性正遭受严重的破坏，而这种破坏造成的生态失衡也最终会反噬人类。保护生物多样性已成为摆在人类面前的急中之急、重中之重的事情。为加强生物多样性保护工作，应该从以下几个方面考虑。

1. 稳步推进农业野生植物保护水平

一是继续推进《全国农业生物资源保护工程规划》的实施。加快新批复农业野生植物保护原生境示范点建设进度，确保建设质量。二是继续开展物种资源调查工作，对列入国家重点保护名录的农业野生植物进行深入调查，为保护工作提供科学依据。三是加强抢救性保护，减少农业野生植物种群和原生环境受损。

2. 有效应对外来物种入侵

一是加快科技创新，提升支撑能力。支持科研单位加大科研力度，加强生物入侵规律、监测防控技术、科学施药技术的攻关研究。

二是建立长效机制，提升防控能力。大力开展综合防治技术的试点示范和宣传培训。

三是继续夯实基础，提升监测能力。进一步建立完善全国外来入侵生物监测预警网络，健全信息交流和传输途径，提高监测预警的时效性和准确性。

四是做好应急防治，提升防控能力。各地要切实落实应急防控预案，储备应急防控物资，提高应急防控能力。

3. 增强宣传和保护生物多样性

保护生物多样性，需要人们共同的努力。对于生物多样性的可持续发展这一社会问题来说，除发展外，更多的应加强民众教育，广泛、通俗、持之以恒地开展与环境相关的文化教育、法律宣传，培育本地化的亲生态人口。

生物多样性的保护工作是一项综合性的工程，需要各方面的参与。生物的多样性，为人类社会的生存和发展提供了非常丰富的食物、药物、燃料等，同时也为人类工业大生产提供了数量庞大的工业原料。生物的多样性发展进一步维护了自然界的生态平衡，并且给人类的生存发展提供了一个非常好的环境条件。所以，在美丽乡村的建设过程中应该充分注重到其生物的多样性保护。

（三）农田环境保护

耕地是国民经济及社会发展最基本的物质基础，保护基本农田对促进我国农业可持续发展和社会稳定具有重要意义。环境保护是基本农田保护工作的重要组成部分。近年来，随着经济的迅速发展，我国农田环境污染及生态恶化的问题日趋严重，耕地环境质量不断下降，已成为制约农业和农村经济可持续发展的重要因素之一，加强基本农田环境保护工作已是当务之急。为做好基本农田的环境保护工作，应该从以下五方面加以考虑。

1. 加强工作宣传

一方面要加强宣传领导，因为农业资源环境保护这项工作本身并不能成为地方经济发展的内生动力。

另一方面要发动群众，农村环境污染防治是需要全社会共同关心和支持的事业，动员和吸引社会各界力量积极参与农田环境保护。

2. 农业面源污染防治

农业生态环境保护工作是一项长期系统工程，相关部门要确立“预防为主”的思想。

一要将农业面源污染普查形成制度，建设数据库，各地必须重视农业面源污染监测点的建设和运行维护，争取每两年形成一个农业面源污染动态报告。

二要把农业面源污染防治综合示范区做成亮点。

三要突出抓好畜禽污染防治。畜禽污染 COD 占农业面源污染总量的 96%，重点问题要突出抓，下大气力抓突破。

3. 控“源”

全面推广测土配方施肥，大力扩种绿肥与推广应用商品有机肥。实施农药化肥减量工程，着力提高化肥农药利用率，推进农村面源氮磷生态拦截系统工程建设。

4. 治“污”

依据垃圾“减量化、无害化、资源化”[1] 的基本要求，以农业废弃物资源的循环利用

---

[1] 2020 年 9 月 1 日起施行的《中华人民共和国固体废物污染环境防治法》在“总则”第四条明确规定，“固体废物污染环境防治坚持减量化、资源化和无害化的原则”。

作为直接切入点，大力推广种养之间相互结合、循环利用的多类型生态健康种养方式。科学而合理地制定养殖业发展详细规划，努力推进规模化的养殖场发展建设。全力推广发酵床生态养殖，建立一个持续、高效、生态平衡发展的规模化畜禽养殖业体系。积极开展秸秆饲料、秸秆发电、秸秆造纸、秸秆沼气、秸秆食用菌等多渠道综合利用秸秆试点示范与推广，提高秸秆资源综合利用率。

5. 加强调查处理力度

相关部门要加大对基本农田环境污染事故调查处理的工作力度，采取有力的措施，提高污染事故处理率，切实保障农民利益，促进农业生产和农村经济的可持续发展。对破坏生态环境、乱占耕地的开发建设项目要严肃处理；对直接向基本农田排放污染物的污染企业要限期整改；对化肥施用量过高、农药残留严重的基本农田，要提出合理施用化肥和农药的措施。

（四）推动循环农业发展

循环农业是一种相对传统农业发展而提出的全新的发展模式。它通过调整、优化农业生态系统内部的结构以及相关的产业结构，进一步提高了农业生态系统的物质以及能量的多级循环利用，严格控制了外部有害物质的投入以及农业废弃物的形成，最大限度地减轻了环境污染。中国的循环农业发展模式可以归纳为基于现代产业发展的目标以及产业空间布局两个分类层次共七种模式类型。

1. 基于产业发展目标的循环农业模式类型

（1）生态农业改进型

以典型的生态农业发展模式作为重要的基础，在现有的模式基础上，从资源的节约高效利用以及经济效益的提升发展角度，进一步改进了生产组织的形式以及资源的利用方式，通过种植业、养殖业、林业、渔业、农产品加工业以及消费服务业等的相互连接、相互作用，建立起一个相对比较良性的循环的农业生态系统，从而进一步实现了农业的高产、优质、高效、可持续发展。

（2）农业产业链延伸型

以公司或者集团企业作为主导，以农产品的加工、运销企业作为主要的龙头，实现了企业和生产基地以及农户之间的有机联合。企业的生产充分抓住了对于原材料的利用率、节能降耗等多个关键环节，使分散的资源要素可以在产业化的体系运作之中进行重新组合，无形之中进一步延伸了产业的发展链条，极大地提高了农产品的附加值，并且还非常有效地保证了农产品的安全性能以及其生态标准。

（3）废弃物资源利用型

以农作物的秸秆资源化利用以及畜禽的粪便能源化利用作为重点，通过作为反刍动物的饲料、生产开发出食用菌的基质料、生产一些单细胞蛋白基质料以及作为生活能源或者工业原料等转化的重要途径，进一步延伸农业发展的生态产业链条，提高农业相关资源的利用率，扭转农业资源的严重浪费局面，进一步提升农业生产运行的质量与经济效益。

（4）生态环境改善型

重视农业的生产环境改善以及现代农田生物多样性保护工作，将其视为农业可以持续稳定发展的重要基础。根据现代生态脆弱区的环境发展特征，优化现代农业生态系统内部的基本结构以及相关的产业结构，充分运用工程、生物、农业技术等方面的措施做出综合性的开发，从而就能够建成高效的农—林—牧—渔复合型的生态系统，进而可以很好地实现物质的能量良性循环。

2. 基于产业空间布局的循环农业模式类型

（1）微观层面

主要是以单个的企业、农户为生产主体的经营型模式，以龙头企业、专业大户作为生产的重要对象，通过科技创新以及技术的带动来进一步引导企业与农户的清洁生产发展，以便能够进一步提高资源利用效率，减少污染物的排放，形成产加销一体化的重要经营链条。

（2）中观层面

生态园区型的发展模式，主要是以企业间、产业间的循环链建设为其重要途径，以实现其资源在不同的企业间与不同的产业间最充分利用为典型的目的，建立起以二次资源再利用与再循环为核心组成部分的农业循环经济发展机制。

（3）宏观层面

循环型社区发展模式主要是以区域的整体单元理顺循环农业在现代社会发展过程中种植业、养殖业、农产品加工业、农村服务业等一系列产业发展链条之间的耦合关系，通过一种比较合理的生态设计和农业产业优化升级，构建区域循环的农业闭合圈，全体人民都可以共同参与到循环农业的经济体系之中去。

第三节　美丽乡村规划设计的技术路线

一、房屋新型结构技术

（一）结构技术类型

1. 新型砌体结构技术

砌体结构因为施工比较简单、工艺要求相对较低，当前仍然是中国中小城镇以及广大农村地区十分重要的一种建筑结构形式。新型的砌体结构技术通常主要采用的是新型砌体材料来代替黏土砖砌块，具有典型的节省耕地、保护环境、节约能源的基本社会效益和经济效益。

2. 钢筋混凝土结构技术

钢筋混凝土是一种比较节能的材料，重量轻、强度高，抗裂性能非常好，价格相对比较便宜，能够充分利用地方砂石材料及企业的工业废料。钢筋混凝土的结构体系往往能够充分利用钢结构的强度高、抗拉性能好以及混凝土结构刚度比较大、抗压性能比较好的基本优点，降低结构成本并节省材料，进而节省土地（图 4－1）。

图 4－1　美丽乡村建筑新型规划

3. 钢结构技术

钢结构是一种能够体现绿色建筑基本原则的结构类型，新的结构边角料与旧结构拆除之后都能够被回收利用。同样的建筑物规模，钢结构在建造过程中二氧化碳排放量仅仅相当于混凝土结构的 65％左右，而且钢结构是干施工，较少使用砂、石、土、水泥等散料，进而能够从根本上避免产生尘土飞扬、废物堆积以及噪声污染等方面的问题。与此同时，钢结构体系因为其连接的灵活性，能够采用各种各样的节能环保型围护材料，进而能够带动节能环保型建筑材料的大力推广和应用。

4. 竹木结构技术

竹木结构建筑是一种绿色的建筑。木材自身的独特物理构造，使其具有非常好的保温隔热性能。同样的供暖、降温效果，木结构本身所消耗的电能只是砖混结构的 70％左右。木材生产的时候一氧化碳与二氧化碳产生的排放量只是钢材的 1/3 左右。另外，木材也是一种可再生的资源，也能够进行再利用，拆卸下来的木料可以再次用于建设，即便是小料也能当作能源、造纸等再利用。木结构的消耗能源是最少的，造成的污染也是最少的。

（二）房屋的节能技术内容

农村的建筑节能技术不仅降低了建筑的运行能耗，也通过降低建筑的材料制造及建筑建造过程中的能耗进一步实现了建筑的节能，具体技术措施主要包括以下几点。

1. 降低建筑的材料制造能耗

降低建筑的材料制造能耗主要包括把生产砖瓦的普通砖窑改造成轮窑、隧道窑、立式节柴窑等多种节能窑；把生产的实心砖改成空心砖；采用小水泥节能制造技术，降低单位水泥在制作过程中的生产能耗；换装新式节能建筑施工设备。

2. 降低建筑的冷热耗量

一是结合气候的相关特征并且经专业的规划布局，使住宅选址趋向合理。平面布局的整体外形尽可能地减少凹凸部分，进而降低环境的温度对住宅能耗产生的影响。

二是通过围护结构的改进设计，使用一些复合墙体的建设技术，运用岩棉、水泥聚苯板、硅酸盐的复合绝热砂浆等相关节能建筑材料，采用增加窗玻璃的层数、窗上加贴一些透明的聚酯膜、增加门窗的密封条、使用一些低辐射的玻璃、使封装玻璃与绝热性能比较好的塑料窗等进一步增强门窗的绝热性能。屋面可采用高效保温屋面、架空型保温屋面、浮石沙保温屋面以及倒置型保温屋面等多种节能屋面，进一步降低外墙的传热系数，进而极大地提高了围护结构的整体热阻性能。

3. 提高采暖系统的能源效率

提高采暖系统的能源效率主要包括采用些省柴节煤采暖炉灶或者节能锅炉的设计，极大地提高了能源使用效率；加强如架空炕烟道等一些空调系统结构的布局与气密性设计，从而减少损耗；建设被动式的太阳能利用设施，如日光温室和地源热泵等。

二、生态农业节水灌溉技术

（一）节水灌溉技术的类型

1. 渠道防渗节水灌溉工程技术

渠道属于农业灌溉的一种非常重要的输水方式，其防渗技术也是提高水利用率十分重要的技术手段之一。这项措施的使用主要是为了进一步减少渠道输水的渗漏损失，采取一种建立不透水防护层的基本方式，依据完全不同的材料可以将其分为多种类型，一般都是使用土料、混凝土、水泥、塑料薄膜、沥青、砖石等。

2. 低压管道输水节水灌溉工程技术

低压管道的输水特点主要是充分利用低压管道来代替渠道把水直接输送至田间之中，具有设备简单、投资较低、输水效率高、节约土地等多重优点，主要都是应用于北方的机井灌地区，对北方的灌区发展节水灌溉具有非常重要的现实意义。

3. 喷灌、滴灌节水灌溉工程技术

滴灌、微喷灌、小管出流、渗灌以及涌泉灌等一些灌溉技术都是微灌技术类型。喷灌、滴灌已经是当前农村灌区节水增产效果最好的一种田间灌溉工程，通常不会受地形地貌的直接影响，不容易形成局部的水土流失与土壤板结，能够非常有效地改善土壤的微生物环境，为农田作物的发展营造一个很好的生长气候，这是其他灌溉方法所不能比的。此外，喷灌、滴灌设施同样也都具备了依据需要进行合理施肥、喷药等综合功能。喷灌、滴灌技术非常适合用在山丘地区与干旱缺水的地区。但是，因为喷灌、滴灌工程的一次性投资非常大，技术含量要求比较高，管理的难度相对比较大，当前只是在田间的示范工程中有所应用，而且取得了非常好的效果。

4. 雨水汇集工程技术

在一些干旱、半干旱的山丘区域，通过比较合理的工程设计及施工方案，建设雨水汇集的综合利用基本工程，把降雨形成的地面径流非常有效地汇集在一起，避免了水资源流失，并且在最需要的时候供给农作物灌溉。如汇流表面薄层水泥处理工程技术、窖窑构建及布局工程技术等，有效地改变了常规看天吃饭的灌溉发展模式，充分利用窖灌的农业来确保水资源在时空层面的利用率，以便能达到节水灌溉的目的。

（二）节水灌溉农艺技术

节水灌溉农艺技术主要包括了耕作技术（蓄水保墒）、作物的合理布局、抗旱作物的相关栽培技术、覆盖保墒技术、控制性灌溉和作物调亏灌溉技术、土壤的保水剂、化学的调控以及生物方面的技术（抗旱品种的选育）等。

当前，农艺技术的普及性非常好，其中的生物技术、水肥耦合高效利用等一些全新的技术仍然需要进一步加强和研究，以满足美丽乡村建设的需要。

第五章　乡村基础设施规划

第一节　乡村基础设施规划概述

一、基础设施的概念及内容

基础设施规划是城乡建设规划的核心内容之一。基础设施是为物质生产和人民生活提供一般条件的公用设施，是城市和乡村赖以生存和发展的基础。广义的基础设施可以分为技术性基础设施和社会性基础设施：技术性基础设施是指为物质生产过程服务的有关成分的综合，为物质生产过程直接创造必要的物质技术条件；社会性基础设施是指为居民的生活和文化服务的设施，通过保证劳动力生产的物质文化和生活条件间接影响再生产过程。基础设施主要包括交通运输、机场、港口、桥梁、通信、水利及城乡供排水、供气、供电设施和提供无形产品或服务于科教文卫等部门所需的固定资产。

二、乡村基础设施的定义和内容

乡村基础设施是指为发展农村生产和保证农民生活而提供的公共服务设施的总称。乡村基础设施是为社会生产和居民生活提供公共服务的物质工程设施，是用于保证国家或地区社会经济活动正常进行的公共服务系统，是维持村庄或区域生存的功能系统和对国计民生、村庄防灾有重大影响的供电、供水、供气、交通及对抗灾救灾起重要作用的指挥、通信、医疗、消防、物资供应与保障等基础性工程设施系统。

乡村基础设施是乡村赖以生存发展的一般物质条件，是乡村经济和各项事业发展的基础。在现代社会中，经济越发展，对基础设施的要求就越高；完善的基础设施对加速社会经济活动，促进其空间分布形态演变起着巨大推动作用。

三、乡村基础设施的分类

基础设施按照其所在地域或使用性质，划分为农村基础设施和城市基础设施两大类。

农村基础设施主要包括水利、通信、交通、能源、教育、医疗、卫生等方面。

参照我国新农村建设的相关法规文件，农村基础设施可以分为：农村社会发展基础设施、农业生产性基础设施、农村生活性基础设施、生态环境建设四个大类。

第一，农村社会发展基础设施：主要是指有益于农村社会事业发展的基础建设，包括农村义务教育、农村卫生、农村文化基础设施等。

第二，农业生产性基础设施：主要是指现代化农业基地及农田水利建设。

第三，农业生活性基础设施：主要是指饮水安全、农村沼气、农村道路、农村电力等基础设施建设。

第四，生态环境建设：主要是指天然林资源保护建设、防护林体系建设、种苗工程建设、自然保护区生态保护和建设、湿地保护和建设、退耕还林等攸关农民吃饭、烧柴、增收等当前生计和长远发展的问题。

按农村基础设施的功能用途分类，可划分为市政公用设施和公共服务设施两大类。

市政公用设施包括市政设施和公用设施两方面。市政设施主要包括：乡村道路、桥涵、防洪设施、排水设施、道路照明设施；公用设施主要包括：公共客运交通设施、供水设施、供热设施、燃气设施、通信设施等。

公共服务设施是指为居民提供公共服务产品的各种公共性、服务性设施，按照具体的项目特点可分为交通、体育、教育、医疗卫生、文化娱乐、社会福利与保障、行政管理与社区服务、邮政电信和商业金融服务等。

四、编制乡村基础设施建设专项规划的重要意义

乡村人口比例大，自然条件差，经济不发达，基础设施建设、社会事业发展滞后，严重影响着农业生产发展和农民生活水平的提高，与建设社会主义新农村及全面实现小康社会目标的要求不相适应。因此，编制乡村基础设施建设专项规划，加快乡村基础设施建设则显得尤为重要和迫切。各乡（镇）和有关部门要从落实科学发展观、统筹城乡经济社会发展、构建和谐社会的高度，充分认识到乡村基础设施建设专项规划编制工作的重要意义，把科学编制乡村基础设施建设专项规划作为社会主义乡村建设的基础性工作和切入点，为建设新型乡村提供依据。

五、乡村基础设施规划原则

（一）指导思想明确

按照《中共中央国务院关于推进社会主义新农村建设的若干意见》要求，以“布局合理、设施配套、功能齐全”为目标，以改善农民生产生活条件、着力加强农民最急需的生产生活基础设施建设为主线，坚持规划先行、因地制宜、试点引路、循序渐进、统筹发展的原则，扎实推进新农村基础设施专项规划编制工作，积极争取资金，加大对农村公益性

基础设施的投入，夯实新农村建设基础。

（二）要充分评价基础设施发展潜力

基础设施是农民、农村经济发展的支撑点，是新农村建设的希望所在。需要根据乡村资源与环境条件，结合市场需求，通过区域比较优势分析，充分评价基础设施发展潜力，展望发展前景，为制定发展目标提供科学依据。

（三）要因地制宜地选择重点建设项目

重点发展项目一定要符合当地客观实际，符合中央、省、市、县、乡的发展扶持方向与要求，充分尊重农民的意愿，发挥农民的主体作用。

（四）要制定有力可行的实施措施

有力可行的政策措施，是规划实施的保障条件。要从明确责任、狠抓落实入手，制定组织、投资（引资、融资）、技术、市场、服务等政策措施，为规划有效实施提供条件保障。

第二节 乡村基础设施专项分类规划

一、乡村道路交通规划

（一）公路沿线乡村建设控制要求

公路沿线建设控制范围：乡村建设用地应坚决杜绝沿公路两侧进行夹道开发，靠近公路的村民住宅应与公路保持一定距离。

公路沿线建设控制要求：在建筑控制区范围内，不得修建永久性建筑；未经批准，不得搭建临时建筑物；同时严禁任何单位和个人在公路上及公路用地范围内摆摊设点以街为市、堆物作业、倾倒垃圾、设置障碍、挖沟引水、利用公路边沟排放污物、种植农作物等。

（二）对外联系道路规划要求

对外联系道路，其使用率较高，往返行人和车辆较多，要求路面有足够的宽度，路面承载能力强，路旁绿化程度高，要设有排水沟。通村主干公路工程技术等级应满足各省及地方标准的要求，村庄主入口设标识标牌，设村名标识。主干公路应设立规范的交通指示标牌，并对省级以上旅游特色村和四星级以上农家乐设置指示牌，对道路两侧进行美化绿化。

（三）乡村内部道路

乡村道路等级可按三级布置，即主要道路、次要道路和入户道路。乡村道路宽度：主要道路路面宽度为4.5～6m，次要道路路面宽度为3.5～4.5m，入户道路1～2m。应根据需求设置地下管线、垃圾回收站、错车道。管线优先考虑在道路两外侧敷设，若车道下需敷设管线，其最小覆土厚度要求为0.7m，路基路面可适当加强。如有景观等特殊要求，可适当提高标准，线路尽量在区域内形成环状或有进口和出口，确保交通、安全疏散要求，路面可采用水泥、石、砖等硬化或半硬化材料。

（四）道路照明

路灯一般布置在村庄主次道路的一侧、丁字路口、十字路口等位置，具体形式各村可根据道路宽度和等级确定。一般采用85W节能灯，架设高度6m，照明半径25m。路灯主要采用单独架设方式，可根据现状情况灵活布置。按照可持续发展的要求，有条件的地区可采用太阳能、沼气等新型能源进行发电，但应注意太阳能路灯亮度不均匀，初次投资费用高。在进行路灯造型设计时，应根据村庄独特的地域文化特色，提炼出符合乡村历史发展的文化符号，将其应用于路灯的外形建造。

（五）道路材料

村庄交通量较大的道路宜采用硬质材料路面，尽量使用水泥路面，少量使用沥青、块石、混凝土砖等材质路面。还应根据地区的资源特点，先考虑选用天然透水材料，如卵石、石板、青砖、砂石路面等，既体现乡土性和生态性，又节省造价。具有历史文化传统的村庄道路宜采用传统的建筑材料，保留和修复现状中富有特色的石板路、青砖路等传统巷道。

（六）停车场

应结合当地社会经济发展情况酌情布置，乡村应考虑配置农用车辆停放场所。机耕道、径、境等服务于村庄农户生活与农业生产的道路，可根据需要，对路面进行防滑、透水、防尘、降尘的处理。

二、乡村给水工程规划

给水工程规划包括用水量预测、水质标准、供水水源、输配水管网布置等。各地区综合用水指标可根据《农村生活饮用水量卫生标准》确定。供水水源应与区域供水、农村改水相衔接，有条件的乡村提倡建设集中供水设施。建立安全、卫生、方便的供水系统。乡村供水水质应符合《生活饮用水卫生标准》的规定，并做好水源地卫生防护、水质检验及供水设施的日常维护工作。选择地下水作为给水水源时，不得超量开采；选择地表水作为给水水源时，其枯水期的保证率不得低于90%。

应合理开采地下水，加强对分散式水源（水井、手压机井等）的卫生防护，水源周围

30m范围内不得有污染源，对非新建型新村应清除污染源（粪坑、渗水厕所、垃圾堆、牲畜圈等），并综合整治环境卫生。在水量保证的情况下可充分利用水塘等自然水体作为乡村消防用水，或设置消防水池，安排消防用水。

三、乡村排水工程规划

排水工程规划包括确定排水体制、排水量预测、排水系统布置、污水处理方式等。排水体制一般采用雨污分流制，条件有限的新村可采用合流制，污水量按生活用水量的80%计算。雨水量参考附近城镇的暴雨强度公式计算。

布置排水管渠时，雨水应充分利用地面径流和沟渠排放；污水应通过管沟或暗渠排放，雨水、污水管（渠）应按重力流设计。污水在排入自然水体之前应采用集中式（生物工程）设施或分散式（沼气池、三格化粪池）等污水净化设施进行处理。城镇周边和邻近城镇污水管网的村庄，距离污水处理厂干管2km以内的，应优先选择接入城镇污水收集处理系统统一处置；居住相对集中的规划布点村庄，应选择建设小型污水处理设施相对集中处理；对于地形地貌复杂、居住分散、污水不易集中收集的村庄，可采用相对分散的处理方式处理生活污水。

四、乡村供电工程规划

第一，供电工程规划应包括预测村所辖地域范围内的供电负荷，确定电源和电压等级，布置供电线路和配置供电设施。

第二，乡镇供电规划是供电电源确定和变电站站址选择的依据，基本原则是线路进出方便和接近负荷中心。重要公用设施、医疗单位或用电大户应单独设置变压设备或供电电源。

第三，确定中低压主干电力线路的敷设方式、线路走向和位置。

第四，各种电线宜采用地下管道铺设方式，鼓励有条件的村庄地下铺设管线。

第五，配电设施应保障村庄道路照明、公共设施照明和夜间应急照明的需求。

五、乡村电信工程规划

第一，邮电工程规划应包括确定邮政、电信设施的位置、规模、设施水平和管线布置。

第二，电信设施的布点结合公共服务设施统一规划预留，相对集中建设，电信线路应避开易受洪水淹没、河岸塌陷、土坡塌方以及有严重污染等地区。

第三，确定镇—村主干通信线路敷设方式、具体走向和位置；确定村庄内通信管道的走向、管位、管孔数、管材等，电信线路铺设宜采用地下管道铺设方式，鼓励有条件的村庄在地下铺设管线。

六、乡村广电工程规划

有线电视、广播网络应尽量全面覆盖乡村，其管线应逐步采用地下管道敷设方式，有线广播电视管线原则上与乡村通信管道统一规划、联合建设。新村道路规划建设时应考虑广播电视通道位置。

七、乡村新能源的利用

保护农村的生态环境，大力推广节能新技术，实行多种能源并举：积极推广使用沼气、太阳能和其他清洁型能源，构建节约型社会；逐步取代燃烧柴草与煤炭，减少对环境的污染和对生态资源的破坏；大力推进太阳能的综合利用，可结合住宅建设，分户或集中设置太阳能热水装置。

八、乡村环境卫生设施规划

村庄生活垃圾处理坚持资源化、减量化、无害化原则，合理配置垃圾收集点，垃圾收集点的服务半径不宜超过 70m，确定生活垃圾处置方式。积极鼓励农户利用有机垃圾作为有机肥料，逐步实现有机垃圾资源化。城镇近郊的新村可设置垃圾池或垃圾中转设施，由城镇环卫部门统一收集处理。垃圾收集点、垃圾转运站的建设应做到防渗、防漏、防污，相对隐蔽，并与村容村貌相协调（图 5－1）。

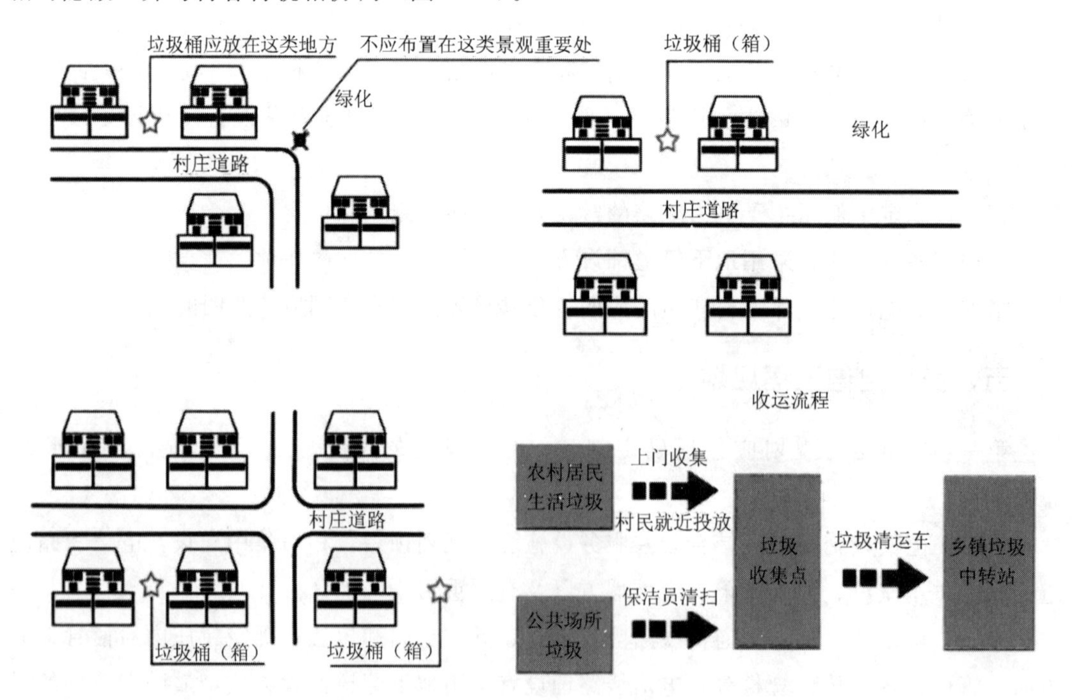

图 5－1　垃圾桶布置

结合农村改水改厕，无害化卫生厕所覆盖率达到100%；同时，结合村庄公共服务设施布局，合理配建公共厕所。1000人以下规模的村庄，宜设置1～2座公厕，1000人以上规模的村庄，宜设置2～3座公厕。公厕建设标准应达到或超过三类水冲式标准。村庄公共厕所的服务半径一般为200m，村内和村民集中活动的地方要设置公共厕所，有条件的乡村可规划建设水冲式卫生公厕。

第三节　乡村交通与道路系统规划

一、乡村交通与道路系统概述

乡村道路是村域中联系交通的主要设施，是行人和车辆来往的基础设施。乡村道路系统是由村域范围内不同功能、区位、等级的道路，以停车场和各种形式的交叉口相连组成的有机整体。乡村道路系统规划技术指标主要是依据《村庄整治技术规范》来指导实施，部分省市有指导乡村规划编制的技术导则，村庄道路系统应结合村庄规模、地形地貌、村庄形态、河流走向、对外交通布局及原有道路因地制宜地确定。

（一）乡村道路分级

乡村道路系统规划中，将道路按其功能和作用可分为过境公路、主要道路、次要道路、宅前道路与游步道五类。建立健全完整的乡村道路系统，串联山体、微田园景观院落、滨水公共空间以及山水阳台等，可感受当地风土人情、领略区域的自然生态。

1. 过境公路

过境公路的选择要考虑的是乡村发展需求，因而在过境公路的选择上要从总体规划的布局和发展方向与出入境交通的流量和流向等几个方面来考虑。从我国乡镇的发展历史来看，多数乡镇是沿过境公路的两侧逐渐发展形成的，过境公路既是对外的交通要道，又是乡镇内部的主要交通道路。过境公路将各个乡镇连接起来，形成了城乡网络的一部分。

2. 主要道路

主要道路是村域中主要的常速交通道路，为相邻组团之间和城镇中心区的运输服务，是连接村域各组团和城镇对外交通枢纽的主要通道。

3. 次要道路

次要道路是村庄各组团内的主要干道，联系乡村主要道路和宅前道路，组成乡村道路网。

4. 宅前道路与游步道

宅前道路是各组团内部次要道路与村民住宅入口连通的道路。游步道是以生活服务性功能为主，在交通上起汇集作用，便于人们体验、了解观光景观。

（二）乡村道路系统与乡村发展

在乡村规划中，村庄道路系统规划占有举足轻重的地位，村庄的规模大小、结构布局、管线排布、村民的生活方式都需要道路系统支撑。乡村道路系统是村庄社会、经济和物质文化结构的基本组成部分，乡村交通网布局在很大程度上决定了村庄的发展形态，因此，乡村和交通协调发展是可持续化发展的关键。“要想富，先修路”，这在乡村经济的发展过程中得到无数次证实。道路系统将分散在村域内的生产、生活活动相连接，在创建美好生活、组织生产、发展经济、提高村庄客货流的有效运转方面起着重要作用。

1. 乡村道路与产业发展

乡村道路的建设对产业结构有重要影响。在乡村道路没有建设好之前，乡村主要以发展第一产业为主，村民的主要收入来自耕地或者养殖家禽，家庭总收入不高，生活比较困难。随着乡村道路的建设，乡村出现了越来越多的第二产业与第三产业，乡村的产业结构发生改变，第一产业、第二产业、第三产业协调发展，形成了新的生产、发展模式，使乡村产业和资源得到优化，跳出了乡村发展的局限，打开了更广阔的视野，引导农民在农村内部创业就业，帮助扩大农民就业面，增加农民的收入。

乡村道路建设改善了乡村运输条件和投资环境，有助于实施“引进来”和“走出去”的发展战略，使农村丰富的资源得到开发利用，使乡村蕴藏的土地、森林等资源优势转化为经济优势。乡村道路建设改善了村民的出行条件，也直接推动了乡村旅游业的发展。都市的快节奏使市民的压力不断增加，人们逐渐对都市景观产生审美疲劳，此时乡村独有的自然风光受到更多青睐，而交通的发展就会为乡村旅游业的成功奠定基础。

2. 乡村道路与农村基础设施建设

乡村交通运输设施的发展促进了乡村基础设施建设。随着乡村道路网的完善、乡村生活水平的提高，越来越多的人返乡建房。人们在解决温饱问题后，开始重视生活质量，对完善基础设施的呼声越来越高。面对大众的需求，完善基础设施建设事业步入轨道，原本分散的居民点在重新修建过程中常沿道路集中分布，这将更有利于基础设施建设。

3. 乡村道路与乡风建设

乡村道路建设不仅提高了物质生活，而且提高了村民的精神文化生活。乡村道路的畅通，打破了乡村的自然封闭状态，使乡村信息的传播与对外交流活动增加，村民对消息的利用、解读更充分，对生活的改变充满憧憬，行动更积极。

二、乡村道路系统规划

（一）乡村道路系统规划原则

长期以来，在乡村建设中，人们由于对道路建设认识不足以及片面地认为只有产业发展才能带动乡村发展，而忽视了对道路的规划与建设。但事实证明，乡村道路建设是乡村产业健康快速发展的重要支撑，因此，乡村道路的建设应在进行调查分析的基础上做出符合客观实际需要的道路规划，乡村道路交通系统规划应遵循以下原则。

1. 统筹规划、因地制宜原则

道路规划与土地利用规划应作为一个整体来考虑，考虑乡村居民生产生活实际状况、基础设施建设等条件，将乡村道路规划与当地的乡村建设规划相协调，同时道路规划应与沿线周边地形、地貌、景观环境相协调，保护自然生态环境和传统历史文化景观。

2. 保护耕地、节约用地原则

农村道路要充分利用现有道路与原有桥梁进行扩改建，尽量避免大挖大填，避免占用农田，减少对自然环境的不利影响。

道路设计应充分考虑功能与景观的结合，过长的道路会使人感觉枯燥厌烦，在适当的地点布置广场、小花园、喷泉、休闲亭等，情况则会得到有效改善。道路线条的曲折起伏，两侧建筑的高低错落布置，层次丰富的道路绿化与自然景观、历史文化景观等相融合，能形成舒适、美观的乡村景观。

3. 道路标准

进出村主道作为村中通往外界的主要通道，往返行人和车辆较多，要求路面有足够的宽度、较强的路面承载能力，路旁要设有排水沟。通常平曲线最小半径不宜小于 30m，最小纵坡不宜小于 0.3%，应控制在 0.3%～3.5%。当道路宽度小于 4.5m 时，可结合地形分别在两侧间隔设置错车道，宽度 1.5～3m，其间距宜为 150～300m。

主要道路路面宽度不宜小于 4m，次要道路路面宽度不宜小于 2.5m。宅前路及游步道路面宽度宜为 1～2m，不宜大于 2.5m。平曲线最小半径不宜小于 6m，最小纵坡不宜小于 0.3%，山区特殊路段纵坡度大于 3.5%时，宜采取相应的防滑措施。若车道下需敷设管线，其最小覆土厚度要求为 0.7m，如有景观等特殊要求，可适当提高标准。乡村道路布局中，应考虑桥梁两端与道路衔接线形顺畅，行人密集的桥梁宜设人行道，且宽度不宜小于 0.75m。

乡村道路横坡宜采用双面坡形式，宽度小于 3m 的窄路面可以采用单面坡，坡度应控制在 1%～3%：纵坡度大时取低值，纵坡度小时取高值；干旱地区乡村取低值，多雨地区乡村取高值，严寒积雪地区乡村取低值。

乡村道路标高宜低于两侧建筑场地标高，路基路面排水应充分利用地形，乡村道路可利用道路纵坡自然排水。

（二）道路走向及线型

乡村道路走向应当是有利于创造良好的通风条件，同时为道路两侧的建筑创造良好的日照条件。道路路网的布置要与交通需求、建筑、风景点等相结合。

道路布局应顺应自然环境（地形、风向等），尊重乡村传统道路格局，结合不同功能需求进行规划，提倡景观化、生态化的设计。设计中通过采用一些转弯道路、最小化直线道路的距离等措施降低车行速度，创造舒适的居住环境，如邻水的道路与水岸线结合，精心打造河岸景观，使其既是街道，又是游览休憩的地方。

地形起伏较大的乡村，道路走向应与等高线接近平行或斜交布置，避免道路垂直切割等高线。当地面自然坡度较高时，可采用“之”字形布置，为避免行人行走距离远，在道路上盘旋，可与等高线垂直修建梯道。在道路规划布置时，就算增加道路的长度也要尽可能绕过地理条件不好、难以施工的地段，这样不仅可以减小工期、节约资金，同时能够使道路平缓安全。地形较为平坦的乡村，更多是要考虑避开不良地质与水文条件的地点。

（三）道路路网

乡村道路应尽量减少与过境公路的交叉，以保证过境公路交通的通畅、安全。乡村道路应避免错位的 T 字形交叉路口，已错位的 T 字形路口，在规划时应予以改造。

从乡域范围的土地利用而言，道路网的空间布局对于乡村土地利用的一个直接影响是增加了各个地块之间的交通可达性。我国乡村建成区的道路路网布局常遵循“窄路幅”的原则，然而在重新进行道路规划的过程中，应适当提高路幅宽度，打通必要的道路关卡，突破由主要道路围合而成的“密闭村域”，形成由次要道路与游步道分割围合、路网密度较高、公共服务设施就近配套的模式。

村镇道路是乡镇与乡镇之间、乡镇内部各行政村之间、自然村与自然村之间以及乡镇与外部联络的非乡道以上的道路。村镇道路根据使用功能划分为主干路、支路和巷路。村镇道路按现行的《镇规划标准》的规定来规划，该标准适用于全国县级人民政府驻地以外的镇规划，同时乡规划也可按该标准执行。但是《镇规划标准》没有对乡村道路规划技术指标提出标准要求，乡村道路规划指标仍在采用已废止了的《村镇规划标准》进行规划编制。

在一定程度上说，道路网的密度越大，交通联系就越便利。但是，密度过大会增加交叉口的数量，影响通行能力，可能会造成交通拥堵的状况，同时也会增加资金的投入，不利于乡村道路建设。道路路网布置需考虑交通便利，村民步行不会绕远路，交叉口间距不宜太短，避免交叉口过密的问题。按村庄的不同层次与规模分别采取不同等级的道路，如中心村应采用三级和四级道路，大型中心村可采用二级道路，大型基层村应设三级与四级道路。实际规划中，道路间距应结合现状、地形环境来布置，不应机械地按规定布置。特别是山区道路网密度更应因地制宜，其间距可考虑在 150～500m，为提升旅游特色和村镇交通便捷度以及可达性，要求特色乡村的主要车行道路网能够半小时内到达相邻村庄。

道路网密度一般从乡村中心向近郊地区，从建成区到新区逐渐降低，建成区密度较大，近郊区及新区较低，以适应村民出行流量及流向分布变化的规律。

（四）道路系统形式

常见的道路路网形式有自由式、环状放射式、方格网式和混合式四类。过境公路轴线附近往往是乡镇空间生长的最佳区位，但是在村镇主要入口处，要通过交通节点处理，对过境交通进行分流引导，对原有交通性道路、生活性道路等进行等级分工，以避免其相互干扰；新区的建设发展应修建过境绕行道路（表5－1）。

表5－1　乡村道路路网形式比较分析

形式分类	优点	缺点	适用性
自由式	不拘一格、与地形结合充分，线形生动活泼，对环境和景观破坏较少，可节约工程造价	路线弯曲、不规则，绕行距离较大，建筑用地较分散，影响工程管线布置	山区、丘陵等地形复杂地区
环状放射式	对内对外交通联系便捷	不易识别方向，有的地区联系需绕行，容易造成中心区交通过于集中，出现交通拥堵现象	规模较大的乡村
方格网式（棋盘式）	划分街道整齐，布局紧凑，有利于沿街建筑布置，交通分散，灵活性好，有利于缓解中心区道路压力	道路主次不明确，交叉口数量多，对角线方向交通不方便，不利于车辆行驶	地形简单、较为平坦的乡村
混合式	综合各个布置方式的优点，与地形、地貌等自然环境、人文环境相结合，因地制宜地组织交通	道路线性不规则，造成建筑用地松散和交通组织困难	各种地形的乡村

（五）道路断面

道路断面设计主要是对车行道宽度进行控制，根据道路功能、地形环境等灵活确定道路红线宽度。乡村道路提倡一块板混合断面形式，也可采用不等高、不对称的断面形式，市政管线宜设置在人行道或两侧绿带内。

（六）道路铺装

道路铺装对于乡村建设中更好地继承和发扬传统的乡土文化，改善乡村生态景观环境，提升乡村文化品位和促进农村生态经济协调发展起着不可忽视的作用。乡村道路可根据当地特点，因地制宜地选取材料进行硬化。主要道路路面宜采用沥青混凝土路面、水泥混凝土路面、块石路面等形式，平原区排水困难或多雨地区的村庄，宜采用水泥混凝土或块石路面。次要道路路面铺装宜采用沥青混凝土路面、水泥混凝土路面、块石路面及预制混凝土方砖路面等形式。游步道及宅间路路面铺装宜采用水泥混凝土路面、石材路面、预制混凝土方砖路面、无机结合料稳定路面及其他适合的地方材料。

三、道路设施规划

（一）停车场及公交车站点

1. 停车场

乡村停车场应结合当地社会经济发展情况酌情布置，应考虑配置农用车辆停放场所。停车场的出入口应有良好的视野，机动车停车场车位指标大于50个时，出入口不得少于两个，出入口之间的净距不得小于7m。根据相关规定，设计停车位时应以占地面积小、疏散方便、保证安全为原则，合理、灵活地为将来可能的汽车数量的增长预留空间。

乡村公共停车场场地铺装宜使用透水砖、嵌草砖等渗透性良好的材料，即布置生态停车场。

2. 公交车站点

乡村发展到一定的程度，在考虑到经济等各方面的条件下，可纳入公交服务系统，设置公交车停靠站点。例如，在以旅游业为主体产业的乡村设置首末公交站点各一个，不过分追求设置多个站点，要既方便交通运输服务，有利于增加旅游人口，又不会造成资源浪费。

（二）安全防护设施

1. 交通信号、标志、标线

交通信号是指挥行人、车辆前进、停止、转弯的特定信号，各种信号都有各自的表示方式，其作用在于对道路各方的车辆科学地分配行驶权利，在时间上将相互冲突的交通流分离，使车辆安全、有序地通行，减少交通拥堵。交通信号灯主要布置在城市或者交通状况复杂的地点，乡村道路系统中，因乡村交通相对简单，交通信号布置极为少见。

道路交通标志是用图形、文字、符号、颜色向交通参与者传递的信息，为道路使用者及时提供道路有关情况的无声语言，用于管理交通设施。标志的设置距离、版面大小、设置位置应根据当地习惯、行车速度来设计，乡村标志的设置应贯彻简洁、实用、美观、实事求是的原则，并适当进行简化。

道路交通标线是由道路路面上的线条、箭头、文字、路边线轮廓等构成的交通安全设施，其作用在于管制和引导交通，可与交通标志配合使用，也可单独使用。

乡村道路建设中，交通信号灯、标志与标线都较为缺失，在重新规划的过程中，需严格遵循国家标准，设置标志与标线合理引导乡村交通。乡村的道路在通过学校、集市、商店等行人较多的路段时，应设置限制速度、注意行人等标志及减速坎、减速丘等减速设施，并配合划定人行横道线，也可设置其他交通设施。

2. 护栏

公路穿越乡村时，村落入口应设置标志，道路两侧应设置宅路分离挡墙、护栏等防护设施。乡村道路有滨河路及路侧地形陡峭等危险路段时，应设置护栏标志路界，对行驶车辆起警示和保护作用，护栏可采用垛式、墙式及栏式等多种形式。

第四节　乡村公共服务设施规划

一、乡村公共服务设施均等化

中国的乡村素来地域广阔，在地理条件、物产种类、历史文化、经济发展等方面与城市有明显差异。就公共服务设施而言，存在城乡公共服务设施不均等化的问题，其主要表现在公共服务设施规模、公共服务设施服务半径和公共服务设施类别不均等化三个方面。实现城乡公共服务设施均等化，不仅仅要求乡村在公共服务设施配置类别、服务半径、规模等方面制定适宜标准，更多的是落脚于实现乡村和城市在公共服务设施使用上的均等化（图 5 - 2）。

图 5 - 2　休闲公共空间设计鸟瞰图

（一）公共服务设施概念

保持国家社会经济的稳定、社会正义和凝聚力，保护个人最基本的生存权和发展权，为实现人的全面发展所需要的基本社会条件。

公共服务设施是满足人们生存所需的基本条件，政府和社会为人民提供就业保障、养老保障、生活保障等；满足尊严和能力的需要，政府和社会为人们提供教育条件和文化服务；满足人们对身心健康的需求，政府及社会为人们提供健康保障。

（二）公共服务设施类型

1. 行政管理类

包括村镇党政机关、社会团体、管理机构、法庭等。以前通常把官府放在正轴线的中心位置，显示其权威，然而现代的乡村规划中常常把它们放在相对安静、交通便利的场所。随着体制的不断完善，现在的行政中心多布置在乡村集中的公共服务中心处。

2. 商业服务类

包括商场、百货店、超市、集贸市场、宾馆、酒楼、饭店、茶馆、小吃店、理发店等。商业服务类设施是与居民生活密切相关的行业，是乡村公共服务设施的重要组成部分。通常，在聚居点周围布置小型生活类服务设施，在公共服务中心集中布置规模较大的综合类服务设施。

3. 教育类

包括专科院校、职业中学与成人教育及培训机构、高级中学、初级中学、小学、幼儿园、托儿所等。教育类公共服务设施一直以来都具有重要意义，它的发展在一定程度上也影响着乡村的发展状况。

4. 金融保险类

包括银行、农村信用社、保险公司、投资公司等。随着我国经济发展，金融保险行业在公共服务中越来越重要。

5. 邮电信息类

包括邮政、电视、广播等。近年来，网络在生活中的使用越来越广泛，信息技术的发展也促进着现代新农村的经济发展。

6. 文体科技类

包括文化站、影剧院、体育场、游乐健身场、活动中心、图书馆等。根据乡村的规模不同，设置的文化科技设施数量规模也有所不同。现今，乡村的文体科技类设施比较匮乏，这是由于文化、体育、娱乐、科技的功能地位没有受到重视导致的。随着乡村的进一步发展，地方特色、地方民俗文化的发掘将会越来越重要。文体科技类设施的规划可结合乡村现状分散布置，也可形成文体中心，成组布置。

7. 医疗卫生福利类

包括医院、卫生院、防疫站、保健站、疗养院、敬老院、孤儿院等。随着村民对健康保健的需求不断增加，在乡村建立设备良好、科目齐全的医院是很有必要的。

8. 民族宗教类

包括寺庙、道观、教堂等，特别是少数民族地区，如回族、藏族、维吾尔族等地区，清真寺、喇嘛庙等在乡村规划中占有重要地位。随着旅游业不断升温，对古寺庙的保护与利用需要特别关注（图 5－3）。

图 5-3　乡村露天影院设计效果图

9. 交通物流类

包括乡村的内部交通与对外交通，主要有道路、车站、码头等。人流、物流有序的流动也是乡村经济快速发展的重要基础。我国乡村交通设施一直以来相对落后，造成该现状的原因很多，国家也在加紧建设各类交通设施。

二、城乡统筹下乡村公共服务设施均等化的发展

与城市公共服务设施相比，乡村地区的公共服务设施配置在规模、服务半径、种类量化上，反映出城乡的不均等化。为实现城乡统筹规划下乡村公共服务设施的均等化，首先，要在乡村地区满足农民享受公共设施服务半径的均等化；其次，满足农民享受多种公共设施项目的均等化；最后，满足农民享受公共设施规模上的均等化。

（一）分级别——公共服务设施全覆盖

根据镇域乡村体系层次的划分情况，自上而下可分为中心镇、一般镇、中心村和基层村。乡在我国行政等级体系中相当于一般镇，中心镇则表示规模相对较大的镇区，其布置要求首先需要满足乡村地区人口需求，也要与其职能相适应，在不同级别下要有不同的服务半径。乡村公共服务设施服务半径的空间全覆盖是一个必然趋势。村民所享受公共服务设施平等性，与其所处人口密度、地区经济相互关联。自国家在乡村公共服务设施上实行均等化制度后，农民与农民之间享受公共服务设施机会的平等性得以加强。乡村需要按照不同人口规模分级来配置公共设施，对乡村人口规模进行分级，才能实现公共服务设施在乡村地区的全覆盖，才能进一步满足村民在公共服务设施上的均等化要求。

（二）分类别——公共服务设施全方位

公共服务设施的类别有很多种，包括行政管理、教育机构、文体科技类等。在保证各类公共服务设施使用方便的情况下，结合乡村公共服务设施现状调查，乡村可以采用就近原则，分散布置与村民日常生活紧密相关、使用频率较高的公共服务设施，集中布置规模较大、综合性较强的公共服务设施，以体现公共服务设施的便民性。

三、乡村公共服务设施规划的原则与方法

（一）乡村公共服务设施规划的理念与原则

1. 城乡统筹发展原则

乡村公共服务设施规划属于村庄规划的一部分，应当顺从统筹规划趋势，协调并利用城市设施资源，合理配置，从而实现资源的共享和综合利用，实现城乡公共服务设施的一体化。

2. 以人为本原则

公共服务设施的布局需要考虑城乡居民点布局和城乡交通体系规划，以现实条件为基础，改善乡村中那些基本的以及急需的公共服务设施，同时还需要注意贴近村民，使村民的乡村生活更加便捷，从而创造美好的人居环境，为和谐社会创造有利条件。

3. 近期与远期兼顾原则

在考虑当下对公共服务设施需求时，需考虑乡村地区未来人口分布变化、城乡人口趋于老龄化和农村人口逐渐向城镇转移的趋势。

4. 因地制宜原则

参照地区相关标准，结合现实条件与发展趋势，规划有特色的公共服务设施种类与方案，在规划布局上不宜照搬其他地区模式，以免造成“千村一面”的局面。

5. 集中布置原则

乡村公共服务设施应布置在村民聚居点处，同时需要考虑各个公共服务设施之间的相互联系，将各类设施集中布置以利于让公共服务设施与村民生活紧密结合在一起。如文化体育设施、行政管理设施可适当结合乡村的公共绿地和公共广场集中布置，从而形成公共服务中心，为村民的休闲、娱乐、体育锻炼、交流等各方面的需求提供便利。

（二）乡村公共服务设施规划的布局与方法

乡村公共服务设施规划的布局不仅是物质空间的布置问题，还包括对国家对乡村公共服务体制的改革以及财政管理、行政管理体制的改革。因此，在进行乡村公共服务设施规划时，需要结合国家现行的规范标准及规划编制方法等。

1. 空间布局指引

（1）优化配置

选择相应级别的公共服务设施类型，按适宜的规模进行优化配置。政府管理机构、学

校、医疗设施等公共服务设施是分级设置的，相应的分级配置标准应因地制宜，需要基于地方需求合理分配。福利院、老人活动中心、文化站、图书馆等公益性设施则有明确的分级标准。商业服务、休闲娱乐设施可参照标准进行配置，但也需要根据乡村具体性质与市场需求灵活调整。

（2）合理的服务半径

服务半径的确定需要与乡村的管理体制改革相结合，特别是管理型、公益型的公共服务设施，它的分级配置不同，其服务半径也不同。例如，中学和小学的服务半径，面向的区域范围不同，其标准也不同。

（3）配合交通组织

各类公共服务设施的位置选择、规模大小、服务对象与交通组织密切相关。例如，行政管理机构需位于交通便利的位置，以方便公务的执行；商业服务类由于经营的范围不同，对客货车流量应分别考虑；过境路宜迁移至乡村边缘，而商业服务设施宜布置在生活性道路两侧。

（4）突出地方特色

乡村的公共服务设施一般位于其最重要的位置，它的规模大小、集中程度，往往能够展现乡村的主要风貌特色，所以应结合乡村绿化、景观系统规划，在公共服务设施布局中重视景观节点的作用，并结合主要道路、街景设计、建筑风格设计，充分发掘当地特色，使乡村风貌规范化、特色化、整体化。

（5）开发强度控制

乡村公共设施的规划要从建设的可行性出发，因地制宜，控制开发强度。

2. 商业服务类布局方法

（1）街道式布局

街道式布局可分为三种形式。

①沿主要道路两旁呈线形布置

乡村的主干道居民出行方便，中心地带商业集中，有利于街面风貌的形成，加之人流量大、购买力集中，容易取得较高的经济效益。沿街道两侧线形布置，需要考虑公共服务设施的使用功能相互联系，在街道的一侧成组布置，避免人流频繁穿越街道的情况。这种布局的缺点是存在交通混乱的隐患，可能会出现行人车辆混行、商家占道经营等问题，导致交通堵塞，引发交通事故。

②沿主干道单侧线形布置

将人流大的公共建筑布置在街道的单侧，另一侧建少量建筑或仅布置绿化带，即俗称的“半边街”，这样布置的景观效果更好，人车流分开，安全性、舒适性更高，对于交通的组织也方便有利。当街道过长时，则可以采取分段布置，并根据不同的“休息区”设置街心花园、休憩场所，与“流动区”区分开来，闹静结合，使街道更有层次。这种布局的缺点是流线可能会过长，带来不便。它适用于小规模、性质较为单一的商业区。

③建立步行街

步行街宜布置在交通主干道一侧。在营业时间内禁止车辆通行，避免安全问题的发生。这种布局中街道的尺寸不宜过宽，旁边建筑的高宽必须适度。

（2）组团式布局

这是乡村公共服务设施规划的传统布置手法之一，也就是在区域范围内形成一个公共服务功能的组团，即市场。其市场内的交通常以网状式布置，沿街道两旁布置店面。因为相对集中，所以使用方便，并且安全，形成的街景也较为丰富，如综合市场、小型剧场、茶楼商店等。

（3）广场式布局

在规模较大的乡村，可结合中心广场、道路性质、商业特点、当地的特色产业形成一个公共服务中心，同时也是景观节点。结合广场布置公共服务设施，大致可分为三类：一是三面开敞式，广场一侧有一个视觉景观很好的建筑，与周围环境的自然景观相互渗透、融合，形成有机的整体；二是四面围合式，适用于小型广场，以广场为中心，四面建筑围合，其封闭感较强，宜做集会场所；三是部分围合式，广场的临山水面作为开敞面，这样布置有良好的视线导向性，景观效果较好。

3．行政管理类布局方式

行政办公建筑一般位于乡村的中心交通便利处，有的也将办公建筑布置在新开发地区以带动新区经济、吸引投资。它们的功能类型、使用对象相对单一，布置形式大致有以下两种。

（1）围合式布局

以政府为主要中轴线，派出所、建设部门、土地管理部门、农林部门、水电管理部门、工商税务部门、粮食管理部门等单位围合布置。

（2）沿街式布局

沿街道两侧布置，办公区相对紧凑，但人车混行，容易造成交通拥堵；沿街道一侧布置，办公区线型容易过长，不利于办事人员使用，但是有利于交通的组织。另外，行政管理类设施周围不宜布置商业服务类设施，以避免人声嘈杂，影响办公环境。

4．教育类布局方式

（1）幼儿园、托儿所的布局方式

幼儿园、托儿所是人们活动密集的公共建筑，需要考虑家长接送幼儿的方便快捷，对周围环境的要求较高，需要布置在远离商业、交通便利、环境安静的地方。同时，在考虑儿童游戏场地时，需要注意相邻道路的安全性。一般采用的布局方式有：集中在乡村中心、分散在住宅组团内部、分散在住宅组团之间。

(2) 中小学的布局方式

小学的服务半径不宜大于 500m，中学的服务半径不宜大于 1 000m。要邻近乡村的住宅区，又要与住宅有一定间隔，避免影响居民的生活环境，可布置在乡村街道的一侧、乡村街道转角处、乡村公共服务中心等。

5. 文体科技类布局方式

文体科技类的公共服务设施一般人流较集中，在布局时需要有较大的停车场，建筑形式上应丰富而有层次，能够体现当地的文化、民俗特色，建筑的规模大小应根据乡村规模相应设定。

6. 医疗保健类布局方式

这类设施对环境要求较高，布置方式较为单一。卫生院包括门诊部和住院部，门诊部的设计需要考虑供人流疏散的前广场，住院部则要求环境良好、安静、舒适。敬老院的布置需要考虑室外的活动区、老人休息区，要求远离嘈杂地区，日照良好。

第六章　乡村产业发展规划

产业是区域经济发展的核心动力，是促进农村和谐繁荣的源泉，是乡村振兴的基础。加快农村产业的发展，进行农村生产空间的合理布局是缩小城乡差距、实现乡村振兴战略的必然路径。随着我国城市化和工业化进程的加快，农村产业由原来的“同质同构”向“异质异构”转化，逐渐呈现形式多样化、功能复合化的转型趋势，出现了工业主导、商旅主导等多种类型的村庄，同时伴随我国经济发展进入新常态，如何在经济增长速度变缓的情况下，增强农业的基础地位，调整农产品结构，保障农民持续增收，成为目前面临的重要命题。为适应党和国家的乡村发展战略，促进农业现代化和第一、二、三产业融合发展。

第一节　产业发展特征

党的十九大以来，全国各地掀起了村庄建设的热潮。各地将村庄发展建设作为政府工作的“重头戏”，积极开展建设的试点和探索工作，村庄的经济发展和产业振兴成为各级政府关注的重点之一。然而，受经济社会发展不平衡、不协调因素的影响，我国农村地区还存在贫富差距较大、发展极为不平衡的问题。农村居民人均可支配收入呈现明显的“东部＞东北≈中部＞西部”的分布格局，并且省际差异显著，总体表现为经济发展水平越高，农民的可支配收入就越多，反之亦然。这表明区域经济发展阶段与农业产业发展阶段具有较强的相关性，现代农业、乡镇企业、乡村旅游在各地的发展程度与区域经济增长相辅相成。对东部沿海发达地区来说，农村大多已经步入现代经济发展阶段，基本实现了农业现代化、产业多元化并逐步融合发展。而对广大的中西部经济欠发达地区，农村大多还处于小农经济时期，或者处于由小农经济向现代经济过渡时期，乡村产业发展呈现出由以第一产业为主向第一、二、三产业并重发展的总体趋向。

一、梯度差异逐步扩大

小农经济时代均质化特征明显。在漫长的封建社会中，以小农经济为特征的生产组织方式是整个封建社会赖以生存的基础，区域差异不显著。小农经济以农民家庭作为生产和消费的基本单位，自给自足是其最鲜明的特征，因而在这个时期广大农村地区产业发展缓慢，均质化特征明显。自秦汉以来，农村的产业结构、生产方式并未发生实质性变革，农业生产辅以家庭手工业一直是农村的主要产业形式；从东到西、从南到北、从京畿地区到偏远山区，农村地区产业类型差异很小，地域分工不明显。自明清以来，随着农业生产技术的缓慢提高、交通条件的改善及社会制度的变迁，在重要的交通沿线、河流渡口形成了以工商业为主的城市或市镇，但广大农村地区的发展仍十分缓慢。全国各地区以农业为主要产业，农业又以种植业为主，注重粮食生产。但是从作物布局上看，全国由于水、光、热、土等自然条件的不同，形成了水稻区、粟区、高粱区等不同的作物产区。自给自足的小农经济是封建社会的经济基础，封建统治者为维护自身统治，长期实行重农抑商的统治政策，极大地限制了商品经济的发展，固民于田，导致全国产业以农业生产为主，两千多年来变动甚微。

区域差异逐步扩大。从开始的家庭联产承包责任制，极大地解放了我国农村的生产力，推动了农业的发展，农村产业的区域发展水平差异逐步拉大，空间上表现为自东向西的差异逐渐降低。自然、经济、社会和资源分布的空间差异性是导致农村地区产业发展区域差异逐步扩大的主要因素。随着国外的资本、生产方式、管理方式的引进，在一些具有良好的区位交通条件、社会经济基础的农村地区，依靠群众的创新精神，乡镇企业迅速兴起，带动了农村工业的发展，极大地改善了我国产业发展状况。再加上区位地理条件的差异，农村产业同我国经济发展格局类似，形成了鲜明的东、中、西三大地带。在经济总量方面，东部地区较中西部地区而言具有鲜明的优势；在非农产业所占比例方面，东部地区最高、中部次之、西部最低；在农民人均收入方面，东部地区明显高于中西部地区。可以看出，改革开放之后，在三大地带之间，农村产业发展逐渐趋于不平衡，地区间差异逐步扩大，东部地区由于具有良好的区位、交通、政策、外资等条件，得到了快速发展。乡村经济从单一种植转变为多种经营，乡镇企业的全面发展调动了农村富余劳动力，调整了农村就业结构，使地区差异进一步扩大。东部地区农村的产业发展要远优于中西部地区的农村，浙江、广东很多地区出现规模化的专业村，农业基本实现现代化，具有高科技水平和科学的管理方式，而广大中西部农村的现代农业建设尚处于起步阶段。东部地区工业发展水平较高，其依托独特的科技、信息和人才优势，迅速涌现出一批特色鲜明的专业村、专业镇，而中西部地区仍是承接东部地区、城市落后产能的重点区域。同时，东部地区服务业从经营方式、产业类型等方面都明显优于西部地区。

城郊呈现圈层演化的特点，即城市周边农村农业产业发展水平普遍高于远郊地区的农村。随着快速城镇化和城市空间的扩张，位于城市郊区的乡村逐渐被纳入城市发展视野，成为城乡利益冲突最强的场所和城乡不同特性协调与争夺的竞技场，土地、人口、资源等生产要素由“同质同构”向“异质异构”重新组合发展。城郊乡村传统的以农业生产为主的生产系统遭到严重破坏，取而代之的是在城市功能外溢发展下的乡镇企业和家庭作坊，以及为城市居民提供休闲服务的乡村旅游业，工业、旅游业、服务业等非农产业成为城郊居民收入来源的重要组成部分。改革开放以来，城郊乡村产业逐步转向兼有农业、工业、旅游、服务等多元生产方式的综合模式，形成由规模农业、特色产业、旅游业组成并兼容发展的格局；产业格局从外围向主城区内核由农业型向商服型转变，由传统农耕型向现代化专业型演化，呈现圈层演化的特点。可见，这种不平衡的发展态势成为制约农村区域经济发展的重要因素。随着乡村振兴战略的推进实施，这种映射在农业发展过程中的区域不平衡问题，将会逐步得以改善解决。

二、现代农业持续发展

现代农业是未来的发展趋势。现代农业是以生物和信息技术为核心的技术高度密集型产业，具有促进经济发展、调节生态、提供就业和生活保障等多种功能，虽然受到自然条件、经济条件和社会条件的制约，但打破了传统农业单一的经济功能，促使其逐步向经济、生态、社会等多功能转型。从生物技术的发展趋势来看，需要不断加快现代农业科技的研究步伐，从根本上提高现代农业的科技含量。农业现代化水平的提高，从本质上讲，是农业技术水平的提高，只有不断扩张农业科技的内涵和外延，提高其研发水平和转化技术，才能实现农业现代化水平的提升。农业科技的发展应以“优质、高产、安全、有效”为基本目标，将农业的未来发展趋势作为研究重点，大力推进设施农业、生态休闲农业、现代畜牧业等的创新研发，提升农业现代科技水平。从信息化的发展趋势来看，以数字化、网络化、智能化为特征的信息化浪潮的蓬勃发展为农村农业的信息化转型提供了强大势能。同时，党和国家高度重视信息化的发展，提出了一系列信息化发展战略，并做出了具体的行动部署，为农村农业的信息化转型提供了政策支撑。信息技术的快速发展与农村农业的渗透融合，极大地促进了农村农业的信息化发展。

三、乡镇企业异军突起

乡镇企业加快了乡村的转型发展。20 世纪 80 年代，乡镇企业以其顽强的生命力和独特的经营形式，成为我国工业发展的一大奇迹，为农村产业的多元化发展开拓了新道路。乡镇企业异军突起，将农村剩余劳动力从土地转移到车间，促进了我国计划经济向市场经济的转变，加快了乡村的转型发展。随后，我国乡镇企业发展迅猛，乡镇企业总收入逐年增加。20 世纪末是我国乡镇企业发展的黄金时期，乡镇企业数量和企业职工人数快速增长；包括个体企业、村办企业、合作企业、乡办企业等多种形式的乡镇企业总产值占工业总产值的一半。在乡镇企业的催化带动下，我国农村经济体系从单一种植结构逐步转变为多种经营模式，成为农村经济和国民经济的重要组成部分。但随着我国对外开放的深入推进，在外来资本逐步介入、分税制改革、地方保护主义和市场封锁被打破等因素的共同作用下，乡镇企业面临的制度环境和市场环境逐步改变，失去了以往的竞争优势地位。

目前，乡镇企业逐渐朝着专业化、规模化、低碳化的方向发展，涌现出一批规范化运行的，集中分布于产业园区的大中型乡镇企业乡镇企业的快速发展：一方面带动乡村的快速发展，有利地促进我国城市化进程和农村生活水平、收入水平的提高；另一方面则对当地的生态环境造成了严重破坏，并存在技术含量低、能耗高、效益差等问题。当地的企业家和政府应该意识到乡镇企业必须实现多元化发展，加强自身经营管理，注重技术创新，以此来实现自身的可持续发展。因此，开始逐渐依托东南沿海地区的资金和技术优势，从特色化、专业化、技术化和规模化角度入手，对“块状经济”和“专业镇”进行升级，形成产业特色化、环境宜居化、文化凸显化、设施便捷化和体制灵活化的“特色小镇”，实现从专一的工业生产向第一、二、三产业融合发展转型，以营造内涵丰富、特色明显的生产、生活、生态一体化聚居空间，从而带动产业发展。

四、乡村旅游势头迅猛

乡村旅游兴起于20世纪80年代末，近年来发展迅猛。乡村旅游的快速发展一方面得益于近年来党和国家政策的扶持。中央一号文件提出，积极开发农业多种功能，挖掘乡村生态休闲、旅游观光、文化教育价值。乡村旅游是贫困群众脱贫致富的重要渠道。中央一号文件均提出要大力发展休闲农业和乡村旅游，实施休闲农业和乡村旅游提升工程；并在《乡村振兴战略规划（2018—2022年）》中提出要结合当地的资源禀赋，深入挖掘农业农村的生态涵养、休闲观光、文化体验和健康养老等多种功能和多重价值。国务院办公厅印发了《国务院办公厅关于促进全域旅游发展的指导意见》；中央和各部委的一系列政策和文件，为乡村旅游的发展提供了重要支撑，对促进乡村旅游的发展和充分发挥其带动作用具有重要意义，也为我国乡村旅游的迅猛发展提供了条件。

另一方面则是受社会经济发展的影响。乡村旅游蓬勃发展是资源供给和市场需求共同作用的结果。从需求的角度来看，随着城市环境污染日趋严重、城市生活压力不断加大，城市居民对乡村地区良好的景观环境和慢节奏的生活方式的追求是乡村旅游快速发展的内在驱动力；同时，传统的大众旅游方式为乡村旅游的快速发展留下了足够空间。从供给角度来看，保存相对完整与原生态性且有别于城市的建成环境的乡村环境，是乡村旅游的发展基础，同时传统农业经济贡献的退化导致农村急需寻找新的发展动力，因此，乡村旅游应运而生，市场力量催动了乡村旅游的蓬勃发展，是其快速发展的根本动力。

乡村旅游的发展对促进农村发展、实现乡村振兴具有重要意义。乡村旅游扩展了农村的发展路径，打破了农村以农业种植为主的发展模式和生产要素向城市的单向输出模式，实现了城乡之间资本、信息、人才等要素的双向流动，促进了城乡融合发展，智慧农业、生态农业、观光农业等为农村的发展注入了新的活力，乡村旅游促进了就业结构的转变和农民收入的提高。由于乡村旅游具有综合性特征，乡村旅游的发展带动了商业、住宿、娱乐、交通等方面的发展，由此也带动了农村劳动就业，而这种“离土不离乡”的灵活就业和增收模式相比外出务工更符合农民的现实需求。

乡村旅居逐步成为乡村旅游的发展趋势。20 世纪 80 年代起，我国的乡村旅游的兴起经历了农家乐和休闲度假两个阶段，目前已经进入以乡村体验为主要标志的乡村旅居时代。乡村旅居阶段农业将与休闲观光、康疗养老、亲子娱教等深度融合，依托“生态＋”“文创＋”“互联网＋”等先进的理念和技术，不断创新乡村旅游的业态类型和营销模式，形成管理有序、内涵丰富、形式多样的乡村产业体系。从国外的发展经验来看，乡村旅游的发展大体经历了从单纯观光游到形式多样体验游再到个性化、多层次深度游三个阶段。早期，随着工业化和城市化进程的快速推进，农村人口大量向城市转移，受这部分人回乡探访的带动影响，城市居民逐渐兴起以乡村观光为主要形式的乡村旅游。随后，伴随生活压力的加大，农村的休闲式生活体验吸引了大量城市居民的关注，形成了形式多样的乡村体验游，主要包括品尝农家饭、钓鱼休闲、体验民俗活动等。近年来，人们不满足单纯的物质体验，转而追求更高的精神享受，个性化、多样化的深度体验游受到人们的广泛关注。随着我国社会经济的快速发展，人们丰富精神生活的需求日益高涨，并且环保意识逐步增强，人们强烈呼唤以“生态＋”“文创＋”“互联网＋”为依托的乡村旅居时代的到来。同时，党和国家提出的一系列发展战略和策略，如美丽中国、美丽乡村、乡村振兴、全域旅游、生态文明建设等，有利地助推乡村旅游乡村旅居时代的发展。

第二节　产业发展策略

在国际经济形势不断变化、我国市场经济体制改革不断深化、人民需求日益高端化的形势下，为了缩小城乡差距，实现城乡一体化发展的目标，发展农村产业成为乡村振兴的重要研究内容。生产力与生产关系的不匹配严重制约着我国农村产业的发展，一家一户的小农经营模式与现代的农业生产之间的矛盾日益突出。同时，随着我国城镇化的快速推进，农业青壮年劳动力不断向城市转移，严重影响了农业的发展。在当前国家对生态环境日益重视、土地资源管控日益加强、农村劳动力成本逐渐上升及产品需求高端化的新形势下，高污染、高能耗、低效益、粗放的农村工业的生存空间日益萎缩。以乡村旅游为主导的服务业，存在着从业人员素质不高、同质化严重、服务水平差等问题，严重制约了自身的进一步发展。村庄产业的发展应结合政府发展政策、市场需求、农村资源优势、区位优势和发展过程中积累的比较优势，形成能够充分利用自身资源并符合市场需要的产业结构，发展特色产业，培育壮大农村集体经济，促进第一、二、三产业的融合发展，构建完善的现代农业体系。

一、培育壮大农村集体经济

农村集体经济是村级组织的物质基础，是其有效发挥职能的前提和保障。农村集体收入的增加也是建设农村各项公益事业、减轻农民负担、促进农民增收和实现农民脱贫的有效途径。同时，培育壮大农村集体经济，增强农村基层组织的创造力、凝聚力和战斗力，是夯实党在农村执政基础的重要保障，对实现全面建成小康社会，深化我国农村改革，调整农村生产关系以适应现阶段我国农村生产力发展的需要具有重要意义。

培育壮大农村集体经济是农村发展的必然选择。村级集体经济是解决农民的贫困问题、促进农村人居环境改善和农业现代化转型的经济保证。首先，培育壮大农村集体经济有利于解决农民的贫困问题。农村的贫困问题源于农民的就业问题，发展农村集体经济，整合农村的生产资料，发展小型村办企业，农民按生产资料入股，可以增加农民的财产性收入，同时可以有效地解决农村的剩余劳动力问题。其次，培育壮大农村集体经济有利于促进农村人居环境改善。农村集体经济的发展为农村基础设施条件的改善，教育、医疗、养老等公共福利设施的建设，农村的可持续发展提供了基础，可以有效改变目前单一的自上而下的建设发展模式。目前，农村人居环境差、基础设施短缺的根本原因在于村集体缺少建设资金（集体经济收入微乎其微），农村建设资金主要是“等、靠、要”，主要依靠财政转移支付、政府补助，“输血式”的发展政策不能真正激活农村活力。

农村基础设施和公共服务设施落后严重制约着农村集体经济的发展，同时，村集体经济薄弱，无法给予村集体经济持续发展有力的支持。农村集体经济的发展为农村公共服务设施建设、基础设施建设等提供了必要条件。最后，培育壮大农村集体经济有利于促进农业现代化转型。受边际效应的影响，城市以新的“剪刀差”剥夺农村，致使务农人员以50～70岁的人口为主，形成典型的“老人农业”状况；在城市经济的冲击下，农业不再是农户收入的主要来源，仅仅作为农户收入的必要的有益补充，种植和养殖业分散化造成村民收入增长缓慢，并且无法抵御市场风险。当然，目前务农人员大多是源于对土地的情感，认为土地荒芜是一件不能容忍的事情，这样势必带来一个问题，即在目前的“老人农业”的背景下，农业发展还能维持多长时间。因此，通过培育壮大农村集体经济，建立农村合作社，实现农业的规模化经营，有利于提高农业的机械化、科技化水平，促进传统农业向现代农业的转型。

培育壮大农村集体经济的可持续发展路径包括以下两个方面。

一是因地制宜，挖掘自身优势，积极探索农村集体经济的多种实现形式。由于各村地理位置、外部环境、资源状况、干群思想解放程度等情况不同，因此应结合本地产业优势、产品优势、地理环境优势，鼓励村级组织从实际出发，挖掘自身优势，采取不同经济发展模式，兴办各类新型合作经济组织，优化集体资源配置，不搞“一刀切”，不搞一个模式，为增强集体经济拓宽发展渠道。各个村庄结合各自的资源禀赋和立地条件，以村委会为主体，在进一步巩固和完善家庭承包经营、统分结合的双层经营体制基础上，通过创办集体企业、打造商品基地、建设合作组织等多种形式来发展农村集体经济。因地制宜，扬长避短，可依托土地资源，有偿转让土地使用权；或借助公路优势，开发路域经济；或依托城市近郊地理区位，积极发展商贸业；或依托资源开发，积极发展旅游服务业；或兴办企业，进行市场化经营；或依托农特产品基地，积极发展生态旅游或龙头企业或专业市场等，促进村级集体经济发展。

二是齐抓共管，营造良好的环境，为增强集体经济寻求政策支持。加大对村级集体经济发展的政策扶持力度，借助土地、林业、农业、建设、水利等有关职能部门强化对农村发展集体经济的引导，在财政补贴、政府投资等方面制定优惠政策，积极引导各类生产要素向农村流动，为集体经济的发展提供政策支持。同时，坚持以人为本，加强农村基层经济组织建设。优化村级领导队伍，选举具有较高文化水平和丰富经营经验的村民为村干部，提高其发展集体经济的能力，为增强集体经济提供组织保障；注重村委会成员的培养和教育，提高思想政治素质和经营管理能力，加强经营管理水平，强化其发展农村集体经济的恒心和能力。需要特别强调的是，必须管好、用活村级集体资产。农村集体资产是广大农民多年来辛勤劳动成果的积累，不但要建立健全集体资产积累机制，加强资产核资，盘活集体存量资产，构筑资产增值机制，而且要进一步完善村级财务管理制度。

二、促进第一、二、三产业融合发展

中央一号文件首次提出按照“消费导向”的要求推进农村第一、二、三产业融合发展，对新型城镇化背景下加快美丽乡村建设、实现乡村振兴具有非常积极的意义。同年，国务院办公厅印发《国务院办公厅关于推进农村一二三产业融合发展的指导意见》，对农村第一、二、三产业融合发展进行了总体部署。国务院办公厅印发《国务院办公厅关于支持返乡下乡人员创业创新促进农村一二三产业融合发展的意见》，积极鼓励大学生、农民工、科技人员等返乡创业，促进农村第一、二、三产业融合发展。在党的十九大报告中，强调促进农村第一、二、三产业融合发展，支持和鼓励农业就业创业。在此基础上，我国各级地方政府也出台了相应的实施意见，特别是结合党的十九大报告提出的乡村振兴战略，使农村第一、二、三产业融合发展成为各地农村创新发展的重要举措。农村第一、二、三产业融合发展成为党和国家推动农村经济发展，缩小城乡差距的重大发展战略。

目前，我国农村第一、二、三产业融合发展取得了丰富的成果，出现了如分享农业、观光农业、休闲农业等众多新的创意农业发展模式，形成了多模式推进、多主体参与、多利益连接、多要素发力和多业态打造的新局面。但是，我们还应该清醒地意识到，在农村产业发展过程中，发展不平衡、不充分的问题仍较为严重，人民日益增长的美好生活需要和不平衡、不充分的发展之间的矛盾的解决，要求我们必须坚持以人为本的发展理念，推进第一、二、三产业融合发展，从社会、政治、经济、文化和生态各个方面满足人们美好生活的愿望。

国外通过政府政策的引导、农业产业链的延伸、相应配套服务设施的建立、科技创新的加强等措施促进第一、二、三产业融合发展，从而促进农村经济的发展，增强了农村的活力。

农村第一、二、三产业融合发展以农业产业为基本依托，以延伸产业链、拓展产业功能和集成新技术要素为主要手段，着力构建新型经营主体，有机整合农业生产、农产品加工流通、休闲旅游和互联网技术一体化发展，最终实现第一、二、三产业融合发展、农业竞争力和现代化水平提高与农民增收的目标。农村第一、二、三产业融合对促进传统产业创新、扩宽产业发展空间、产生新的产业形态、推进产业结构优化具有重要作用。农村的比较优势产业是农业，在政府大力引导下，依托龙头企业带动，利用科技创新成果，通过产业链的后向延伸，发展农产品加工业，提高农产品的附加值。扩展农业功能，通过生态农业、休闲观光农业等新型农业，大力发展乡村旅游，促进农家体验、娱乐休闲等服务业的发展。农村第二、第三产业的发展：一方面有利于优化农村的产业结构，吸引农村剩余劳动力，增加农民收入；另一方面有利于改善农村的生产、生活条件，加快美丽乡村的建设步伐。

农村第一、二、三产业融合发展是解决“三农”问题的长远方略，对增强农业整体竞争力，提高农民生活水平具有深远意义，需要坚持以下三个基本原则。

一是以人为本，夯实基础。推动农村第一、二、三产业融合发展必须坚持农民主体地位和农业基础的主导地位不动摇，将“三农”问题作为未来一段时间的重大问题，坚持农业农村优先发展。农村第一、二、三产业融合发展应以农业为基础，把加工业和休闲旅游作为融合发展的重点产业，把创业创新作为融合发展的强大动能，鼓励多种产业并进。

二是因地制宜，循序渐进。我国广大农村地区自然地理环境千差万别，经济发展水平也参差不齐，这就决定了农村第一、二、三产业融合发展的模式不可能完全相同，“一刀切”的产业模式并不现实，各个地区应结合各自的资源状况和发展阶段，制订科学合理的实施规划，统筹布局，探索符合自身发展实际的产业融合推进方式，并不断推陈出新，以适应产业融合的发展趋势。

三是政府引领，市场主导。单靠农民实现农村第一、二、三产业融合发展是不现实的，必须通过自上而下的方式，在政策咨询、融资信息、人才对接等方面不断完善相应的政策体系，加大项目支持力度，通过开展示范引导、培育融合主体、促进政策落实、培育精品品牌、完善公共设施、提升服务水平、优化投资方式等措施，促进农村第一、二、三产业融合发展。同时，单靠政府的政策倾斜和积极引导，也不可能实现农村第一、二、三产业融合的发展目标，还必须坚持市场经济的基本规律，实现农业全要素生产率的提高和农业竞争力的增强。

第三节 产业发展模式

由于我国幅员广阔，不同地区的农村在自然、经济、文化等方面存在巨大的差异。村庄产业的发展应立足当地的自然资源条件、社会经济发展状况、产业发展基础、文化传统等要素，充分发挥当地的比较优势，选择独具特色的产业类型。在对农村产业发展现状、市场需求和国家政策分析的基础上，确定了五种农村产业发展的典型模式，即城郊集约型、现代农业型、休闲旅游型、路域经济型和文化传承型，对不同模式的基本特征进行总结，并探讨不同模式的建设路径。

一、城郊集约型

随着经济社会的不断发展，经济活动的多元化（如都市农业、家庭农场、乡村旅游、乡镇企业等）和地方消费在城郊乡村转型过程中起着重要作用。受大中城市强烈辐射影响的城郊乡村呈现工业、农业、旅游业等多元化的产业模式；传统的以农业生产为主的生产系统遭到严重破坏，取而代之的是在城市功能外溢背景下发展起来的乡镇企业和家庭作坊以及为城市居民提供休闲服务的乡村旅游业，工业、旅游服务业等非农产业成为城郊居民收入来源的重要组成部分。城郊乡村因其地理区位特殊，经济发展条件和各项配套设施条件都较好，农业集约化和规模化经营水平较高，承担着为大中城市提供各种服务的职能，包括商贸流通、食品供应、交通运输等。近年来，都市农业和乡村旅游越来越受到政府和人民的重视，强调农业与服务业的融合，提倡在农业基础上依托乡村景观风貌资源发展旅游业。

（一）基本特征

交通便捷、基础设施完善。城郊集约型的首要特征就是良好的区位交通条件和完善的基础服务设施。无论是发展旅游服务业、商贸流通业和菜篮子工程的村庄，还是承接城市功能转移的村庄，良好的交通条件和基础设施条件都是必不可少的。从供应角度来看，城郊乡村受城市的辐射影响较大，经济发展水平和人民收入较远离城市的乡村高，且城郊乡村周边具有完善的路网体系和众多大型基础设施，对于改善乡村的整体的交通格局和提高基础设施水平起着重要作用。

科技化、专业化水平高。科技化、专业化发展对保证城郊乡村可持续发展具有重要意义。先进科技与农业和工业相结合，有利于提高土地产出效率和工业生产效率，降低环境污染。同时，大中城市分布有众多科研院所和创新企业，是科技创新的基地，城郊乡村由于毗邻大中城市，有利于获得城市的溢出效应，提高工农业生产的科技化和专业化水平。

集约化、规模化经营方式。城郊集约模式的另一特征就是具有集约化、规模化的现代经营方式。自家庭联产承包责任制实施后，一家一户的经营模式成为农业生产的主要形式，随着农业生产技术提高和市场经济的发展，这种分散化经营模式的弊端愈发凸显。一家一户的经营模式不利于先进农业生产技术的应用，并且难以抵抗市场风险，对市场需求的预测不敏感，增产不增收、农产品供需矛盾日益突出。通过土地的有序流转，构建家庭农场、农民专业合作社和农业示范园等形式，实现城郊农业的集约化、规模化经营。同时，为了促进“两型”社会（资源节约型、环境友好型社会）的建设，城郊工业发展方式必须由传统的粗放化生产方式向集约化方式转变，提高工业设备的性能、效率和工业产品质量。

（二）建设路径

挖掘优势资源，推动集约经营。立足大中城市旅游市场，以乡土民俗为核心，借助生态、文化、历史等旅游资源，避免产业同构，通过树立品牌，得到市场认可，再根据市场需求倒推产品生产，建立完整的产业链，不断提升乡村旅游品质，实现乡村的可持续发展。随着农业现代化水平的不断提高，土地规模化、集约化、机械化的程度也随之提升，规模化种植大户、家庭农场、农村合作社将是未来发展的主导方向。利用农业资源大力发展农产品加工业，加快农业产业链横向和纵向延伸，重点发展观光农业、农家乐和农副产品加工等项目，带动相关产业配套发展，促进第一、二、三产业融合发展。在提高土地产出效益和农民收入的同时，应积极建设集中的专业化交易市场，探索点对点的社区定制化交易方式，亦可采取与公司合作的形式进行生产交易，或者发展与互联网和新媒体相结合的自营模式。

承接功能转移，提供优质服务。加强与区域核心的联系，实现经济社会的互利联动发展，调整优化原有的农业产业经济结构，构建立体化产业结构体系。根据与大中城市的距离远近，积极承接城市居住、休闲等功能的转移，在种植蔬菜类、瓜类、浆果类、苗木花卉类、浆果类、核果类、坚果类等农产品的基础上，以市场需求为导向，充分整合各类乡村旅游资源，实现农村休闲产业的功能集聚。依托周边丰富农副产品资源、区位交通优势，大力发展农副产品加工、商贸与物流运输产业。大力发展农家乐等休闲农业项目，带动整个村域经济发展。借助自然资源优势，顺应时代发展，不断完善基础设施和公共服务设施，提供与旅游相配套的交通、娱乐、住宿、餐饮等设施，完善服务管理，提高运行质量，开发和引进中高档旅游项目，满足大中城市休闲度假的市场需求。

二、现代农业型

对什么是现代农业，不同学者有不同表述，但基本内涵一致。石元春院士将现代农业定义为以生物和信息技术为先导的技术密集型产业，是一种多元化、综合化、生态化的新型产业，可将其定义为以现代工业和科技为基础，充分吸收我国传统农业的精华，按照市场规则构建的农业综合体系。另外，农业部课题组将其定义为以现代发展理念为指导，依托现代化技术、管理手段，引入新的生产要素，形成的具有较高土地产出率、劳动生产率、资源利用率的新型农业形态。

综上所述，虽然表述方式不尽相同，但对现代农业内涵的理解基本一致，即现代农业是以先进的科学技术为核心，以先进的经营管理方式为支撑的科学化、规模化、专业化、产业化、可持续的农业形态。

（一）基本特征

以现代农业为主导的村庄主要位于农业主产区，以发展农业作物生产为主，农产品商品化率和农业机械化水平高，人均耕地资源丰富，具有新型农业经营主体、先进的农业科技支撑和完善的农业生产基础设施等。

先进的农业科技支撑体系。农业科技是实现农村农业现代化的重要支撑，是推动我国农业升级的根本途径。农业科技创新有利于突破环境和资源条件的制约，实现经济、社会和生态的和谐发展。农业科技支撑体系主要包括农业科技投入体系、农业创新企业培育体系、农业科技成果转化体系、农业科技人才培养体系等。其中，农业科技投入体系是科技创新的基础，决定农业科研水平的高低；农业创新企业培育体系是科技创新的核心，有助于把握农业创新的方向，满足市场需求；农业科技成果转化体系是科技创新的重点，是将科研成果投入实践应用的重要环节，也是科技创新的根本价值所在；农业科技人才培养体系是科技创新的保障，是农业科技可持续发展的关键。

新型农业经营主体。现代农业以规模化、专业化为主要特征，当前存在务农劳动力老龄化、农业生产兼业化和副业化的趋势，严重阻碍了现代农业的发展。同时，传统的一家一户分散的经营模式不利于先进农业生产技术的推广。近年来，为了满足现代农业发展的需求，在市场驱动和国家政策积极引导下，新型农村经营主体不断涌现。专业大户、农民合作社、农业企业等新型农业经营主体的出现，扩大了农业生产规模，提高了农业科技水平和劳动力知识水平，实现了农业生产方式由劳动力密集型向资本密集型和技术密集型的转变。

良好的农业生产基础设施。农业生产基础设施是现代农业发展的基础，农业生产基础设施的建设对促进农村经济的增长具有重要意义。道路、水利、电力、温室大棚等农业基础设施的建设有利于降低各项成本，降低农业的自然风险和经济风险，促进农业生产的专业化和规模化发展，同时还是建立统一市场的前提条件。

（二）建设路径

城乡融合，促进城乡要素互动，从农业资源单向流动向城乡双向互动转变。树立城乡融合发展理念，转变由于城乡不对等、乡村本体地位不被认同而带来的农业资源单向流动的局面，以城乡统筹的发展理念促进城乡之间要素互动。紧追创新发展理念，以知识在农业中的运用为抓手，积极利用城市科技研发技术，增强城乡之间的信息、技术要素互动，实现知识反哺农业，构建农业现代化发展路径。

因地制宜，依托当地资源优势，从农业产业体系调整向体系转型优化转变。着眼于农业产业竞争力提升和地域特色塑造角度，坚持因地制宜、依托优势资源的发展理念，转变“腾笼换鸟”式调整农业产业种植、加工的思路，以“护笼养鸟”的发展思路对现有农业产业体系进行转型优化。梳理优势农业发展资源，合理配置优势农业资源要素，进而优化现有产业布局，增强农业产业的竞争力，走“一产强、二产优、三产活”的产业转型之路，构建现代化农业产业体系。

以民为本，秉持“科教兴农”思路，从农业生产体系结构性调整向整体创新能力提升转变。着眼于创新农业生产力与农业供给角度，以自然生产资源、科学技术、村民为切入点，以农业生产体系整体的创新能力提升为目标。转变以往只对自然生产资源的利用结构进行调整的思维，以农民发展作为本位，平衡城乡农业科学技术知识结构，以科学技术武装农民，提升村民技能水平。以科学技术转化带动村民的技能提升，进而提升整体创新能力，实现农业生产体系由结构性调整向整体的创新能力提升转变，构建现代化农业生产路径。

循序渐进，推动内生动力形成，农业经营体系从政府抓重点项目向抓经营环境转变。着眼于拓宽农业生产关系与扩大经营规模角度，以市场导向、政策创新、人文环境营造、服务设施支撑为切入点，以农业产业经营体系环境的生成为目标。转变由政府管控过度、严把重大重点项目审批关而忽略市场规律导致的生产经营关系单一、经营规模发展带有局限性的局面。在尊重循序渐进的市场规律的前提下，以弹性、公平、法治的政策作为保障，以特色、诚信、自信的人文空间作为承载，以农业产前、产中、产后的服务设施作为支撑，通过三方面的共同发力，生成具有活力和吸引力的产业经营环境，促使要素驱动向创新驱动的转变，打造村庄内生动力支撑的经营体系与经营环境，构建现代化农业经营体系。

三、休闲旅游型

伴随城市环境的恶化和生活压力的增大，人们越来越希望回归自然、返回田野，同时农村经济重组和农业危机减少了农村的经济来源，而休闲旅游有利于促进农村剩余劳动力的就业，也逐渐成为破解农村产业结构不合理和解决农村贫困问题的希望，受到人们的关注。休闲旅游型美丽乡村是乡村实现转型发展的主要类型，通过进行村庄建设、发掘旅游资源、完善旅游服务配套设施，带动乡村地区经济的发展，提高居民收入水平。该类村庄一般具有丰富的旅游资源，住宿、餐饮、休闲娱乐设施完善齐备，适合休闲度假。

（一）基本特征

良好的生态景观资源，生态景观资源是开展乡村旅游、休闲旅游的核心。随着城市化和工业化进程的不断加快，城市环境的不断恶化、紧张忙碌的工作环境、单调乏味的都市生活使人们倍感疲惫。同时，改革开放以来，我国的人均收入水平不断提高，消费能力不断增强，人们的消费观念发生了巨大变化，休闲娱乐的消费需求逐渐高涨，休闲旅游成为都市人放松身心、拥抱自然的重要方式。生态优美、环境污染较少的乡村景观，慢节奏的乡村生活方式是休闲旅游发展的核心要素，城市居民成为休闲旅游的主体人群。

独具特色的旅游产品。旅游产品的开发要彰显乡土特色，避免同质化竞争。深入挖掘本地特色美食、民间技艺、特色手工艺品，打造特色品牌。例如，餐饮设计体现地方特色，使用当地食材、原料，以民间菜和农家菜为主；旅馆设施建设注重传统与现代相结合，一方面要符合地方传统建筑风貌，与环境相协调；另一方面要注重建筑内部设施的现代化，给游客创造一个良好的居住环境；购物商品以当地工艺美术品、土物产品等为主，同时加强管理，避免欺客现象发生。

完善的公共服务设施。公共服务设施是乡村旅游业的重要保障，不断提高公共服务设施的服务水平对促进乡村休闲旅游具有重要意义。公共服务设施的建设，一方面，要充分体现“农家”韵味，村庄独具特色的乡土民居、蜿蜒崎岖的乡间小道、清新爽口的民间野味等是都市人的向往和追求；另一方面，要符合游客旅游的审美心理活动的需求，注重分析游客的审美心理，使游客产生舒适、安全的心理感受。

（二）建设路径

因地制宜，打造乡村休闲旅游亮点。我国乡村地域广阔，类型多样，不同地域有着不同的自然风光和人文特色，因此乡村休闲旅游要因地制宜，从自身特点出发，进行合理定位，依托自身的比较优势，整合当地旅游资源，打造乡村休闲旅游的亮点，从而提升乡村的吸引力和重游率，实现乡村休闲旅游的可持续发展。在多山和丘陵地区，大力发展沟域经济，建设具有浓厚乡土气息的生态山庄，让游客体验农家饭、农家景和农家院，并依托山地条件开展丛林探险、野战游戏、定向越野、篝火晚会等项目；在滨水地区，依托水资源优势开发休闲垂钓、漂流等旅游项目；在传统农业地区，大力发展观光农业、创意农业等，让游客充分享受田园风光和淳朴的生活方式。乡村休闲旅游要挖掘当地的特有优势，围绕当地特有的自然、社会和文化条件进行精准定位和项目策划，满足市场多元个性的旅游体验需求。

打造“文化＋”“生态＋”的乡村休闲旅游模式，营造品牌效应。我国的乡村休闲旅游已经迈入新的阶段，传统的“吃农家饭、住农家院、赏农家景”已经无法满足人们个性化和多层次的需求体验，人们除了关注物质需求，更为关注乡村休闲旅游的心理体验。乡村因其不同于城市的风土人情、生活方式和环境景观而备受游客青睐，为了保证乡村休闲旅游的可持续发展，需要在乡村特有的风土人情、生活方式和环境景观上下功夫，深入挖掘乡土文化，营造良好的生态景观，提高乡村休闲旅游产品的档次和品质，打造“文化＋”“生态＋”的乡村休闲旅游模式，这可以满足游客多样化的需求，实现乡村旅游的多样化、个性化、创新性发展，打造乡村休闲旅游品牌。

加强基础设施和公共服务设施建设，提升服务水平。大力推进道路、交通、住宿、电力、电信等基础设施和公共服务设施建设，对相关服务人员进行系统性培训，提高当地的服务水平。鼓励多种形式的资金投入，大力推进 PPP 模式。政府应加强引导和管理，进行政策和制度创新，投资建设基础设施和公共服务设施，为乡村休闲旅游的发展奠定坚实基础；积极鼓励民间资本投入设施建设和旅游产品的开发与经营环节，引导村民以资金、技术、劳动力、土地产权等入股乡村休闲旅游；优化投资环境，提高外来投资者的积极性，通过相应的政策和制度，鼓励外来资本积极参与乡村休闲旅游基础设施的建设。

四、路域经济型

路域经济，就是指以道路网络为基础，以路网辐射范围内的人、财、物资源配置为核心的亚区域和跨区域经济系统。当然，路域经济有广义和狭义之分，广义的路域经济是指依托道路辐射带动形成的生产力布局及区域经济发展体系；狭义的路域经济是指围绕道路及其附属资源开发形成的多元化经营模式。结合路域经济的概念，路域经济型的美丽乡村发展模式就是从乡村的自然、经济、社会、文化优势出发，充分依托道路的辐射带动作用：一方面催生新的以“路”为核心的业态；另一方面整合现有业态，形成新的产业体系。

（一）基本特征

以路为基，多元发展。对路域经济型的美丽乡村来说，需以道路为基础，进行多元化发展。完善的道路网络有利于提高能源、物资、人流的流动效率，促进城市与城市之间、城市与乡村之间的人、财、物的交换效率，带动区域经济的发展。依托道路的辐射作用，有利于促进乡村在道路服务、商贸、物流、仓储等领域的发展。同时，随着交通条件的改善，农村的产业结构将不断优化，乡村的农业逐渐向优质、高产、高效的方向发展，一些经济价值高但不宜保存的新产品得以生产；随着交通条件的改善，农产品加工业将逐渐兴起；一些景观环境优美、文化底蕴深厚的乡村，休闲旅游、文化旅游等产业将迎来不可多得的发展机遇。

依托优势，错位发展。道路沿线不同区域的乡村发展状况具有很大差异，应充分依托自身自然、经济、社会等方面的优势，开展分工协作，实现一体化发展，避免造成同质化竞争。一方面，不同区域乡村具有不同的自然条件，距城市较近的乡村，城市化水平较高，产业基础较好，各种基础设施较为完善，在发展物流、仓储等方面具有比较优势；具有良好自然环境条件的乡村，在发展乡村生态旅游方面具有比较优势。另一方面，不同地区的乡村具有不同历史条件和政策限制，如某些地区对乡村环境的管制力度较大，企业进入门槛较高，导致某些存在轻微污染的企业难以在乡村落户。不同的自然、历史、经济、政策等因素决定了不同地区的乡村必须结合自身特点，依托道路辐射作用，开展分工协作，最后实现整体发展。

以点带面，协同发展。道路沿线村庄的发展水平是不均衡的，区位条件、自然资源条件、文化底蕴等的差异决定了道路沿线应采取以点带面、协同发展的模式。良好的区位条件、丰富的自然资源和深厚的文化底蕴有利于人流、物流、信息流的集聚，也有利于商贸、工业、休闲旅游、文化旅游的发展。关于道路沿线乡村发展，应支持优势明显的乡村快速发展，帮助其构建现代化的产业体系，同时依托道路空间联系效应，引导周边地区围绕核心地区布局相应的服务产业或开发相关的服务产品，从而促进沿线的协同发展。例如，对农产品加工企业周边的乡村地区，通过构建“公司＋合作社＋农户”的模式，实现周边地区农业的规模化种植，形成产销一体化的模式。

（二）建设路径

培育特色产业，塑造发展动力。立足区域经济的发展需求，理顺经济的发展趋势，依托道路交通条件的改善，将村庄的潜在主导优势迅速转化为现实经济优势。首先，积极研判市场需求并评估道路交通条件的改善对村庄产业发展带来的影响；其次，明确村庄产业结构和产业发展模式的转型路径；最后，制定村庄潜在主导优势转化为现实经济优势的策略。其中，村庄产业结构和产业发展模式的转型路径是核心。基于道路交通条件的改善和市场需求的研判，大力发展现代农业，调整农业种植结构，积极种植城市居民和周边村民需求量大的、价格高的经济作物；同时，依托道路建设，发展非农产业，并合理规划非农产业用地，形成服务型路域经济。依托村庄的产业基础、资源、区位、交通等优势条件，发展农产品加工业和服务业，不断延长产业链，实现农产品增值。充分利用过境交通发展交通运输业，在交通便利的地段发展汽修服务、现代物流、仓储等生产性服务业和商业服务、集贸市场等生活性服务业。另外，充分挖掘乡村生态景观、风土人情、农耕文化等的内涵，发挥村庄“乡村性”的优势，积极发展乡村休闲旅游业。

完善配套设施，奠定发展基础。路域经济型村庄的发展有赖于各类配套设施的不断完善，主要包括各类基础设施和制度政策。首先，路域经济以“路”为本，应构建完善的道路交通体系。在国家计划的国省干线公路基础上，应重点修建乡村道路，实现村庄的联通，扩大产业的服务市场，为实现村庄的联动发展和产业的区域配置提供基础。完善的道路联通体系有利于村庄自身文化资源和景观资源优势的发挥，为乡村休闲旅游业的发展提供机遇，而良好的生活服务设施，如给水、住宿、商业等有利于促进乡村休闲旅游业的发展。因此，应积极完善村庄的给水、排水、环卫、商业和娱乐等基础设施和公共服务设施，开展农村饮水安全、电气化等工程建设，努力实现村庄的亮化、美化，建设集中供水和排水体系，建设村庄综合文化服务中心，提高村民的生活水平，为乡村休闲旅游提供支撑。其次，路域经济型村庄要注重制度政策的创新，加快农村土地流转的步伐，使土地经营权向经验丰富的大户转移，促进现代农业、生态农业和体验农业的发展；进行户籍制度改革和股份制改革，引导社会资本、技术和人才向村庄流动，多主体共建路域经济。

保护自然环境，提供发展保障。良好的自然环境和生态安全是路域经济发展的重要保障。紧邻公路、国道、省道等的村庄：一方面，具有良好的交通条件，有利于发展路域经济；另一方面，又容易受到汽车尾气的影响，形成较为严重的环境污染问题，不利于乡村休闲旅游业和商贸服务业的发展。为了充分发挥其紧邻交通干线的优势，必须加强村庄的生态环境建设，营造良好的自然景观和村庄面貌。积极推进交通干线天然林和防护林项目的建设，生态退化区采取植树造林、改良土壤、退耕还林、还草、还湿等方式大力开展生态修复，实现村庄的生态可持续。同时，制定村庄环境保护规划，划定生态保护红线，避免破坏性建设，充分利用村庄的山体、水系营建良好的生态景观环境，实现既保护村庄自然生态格局，又营造良好生态景观，带动路域经济健康持续发展的目的。

五、文化传承型

文化传承发展模式是依托乡村特有的文化资源（包括物质文化和非物质文化资源），形成“文化＋产业”的发展模式。古村落、古建筑、古民居、传统歌舞、技艺等既具有文化价值，也具有经济价值。一方面，这些文化遗产蕴含了丰富的精神力量，见证了我国历史的发展和社会变革，具有很高的文化教育价值，梁思成曾说“古建筑绝对是宝，而且越往后越能体现出它的宝贵”；另一方面，近年来随着人们对传统文化的关注，以古村落、古建筑、古民居、传统歌舞、技艺等为核心的乡村休闲旅游越来越受到广大人民的青睐，依托旅游业带来的巨大人流所产生的经济效应，极大地促进了农村第三产业的发展，从而优化乡村产业结构，促进乡村经济的发展，带动农民增收。

（一）基本特征

丰富的历史文化遗产。历史文化遗产是文化传承的核心，是发展乡村文化旅游、优化乡村产业结构的基础。随着现代化进程的推进，我国的传统文化受到极大冲击，农村聚落景观趋同，正在逐渐丧失特色。古村落、古建筑、古民居、传统风俗等成为一种稀缺资源，吸引着众多向往独特景观、风俗、文化的游客。同时，随着人流的大量汇集，餐饮、娱乐、住宿等服务产业逐渐兴起，乡村产业结构逐渐得到优化。第三产业的兴起吸引了大量乡村剩余劳动力，促进农民收入增加。乡村的历史文化遗产，既包括古村落、古建筑、古树名目、古牌坊等物质遗产，同时也包括民俗歌舞、民间绝艺、传统习俗等非物质遗产。

特色鲜明的村落空间。特色是旅游发展的根本动力，人们旅游就是寻找、欣赏、体验不同地方各式各样的差异。文化传承型村庄空间的营造应以彰显地域传统文化为重点，形成独具特色的乡村景观，切忌盲目模仿，形成恶性竞争。首先，村落空间的营造应立足对古建筑、古民居、古树名木等的保护。古建筑、古民居、古树名木等是乡村文化活动的载体，是吸引游客最重要的资源。其次，深入挖掘乡村的传统文化，在塑造具有文化特色的空间上做文章，形成特色主题空间，如以乡村的传统技艺（剪纸、制陶、绘画等）、著名人物、著名建筑等为主题，形成形态各异又特色鲜明的村落空间。最后，应注重新建建筑与传统建筑风貌的协调，在规模、尺度、样式、色彩等方面做到和谐统一。

完善的公共服务设施。公共服务设施是文化传承型村庄发展的重要保障。旅游追求的是一种舒适、愉快的身心体验，是一种包含吃、住、行、游、购、娱在内的全方位的体验活动。餐饮、交通、住宿、娱乐等设施的建设有利于吸引游客，强化乡村活力，形成旅游品牌，对促进文化传播和增加旅游收入起着重要作用，同时也可以增加农民的收入，提升农民的生活水平。

（二）建设路径

促进观念转变，留住传承主体。城市与农村在很多方面都存在差异，尤其体现在资源、信息、交通、服务条件等方面，这些区别也是造成乡村人口流失的主要原因。生活水平主要体现在有形的物质生活和无形的精神生活两个方面，现阶段乡村生活提升以物质层面为主，因此要加强基础服务设施建设，提供交流空间，提升乡村居民的获得感、归属感、幸福感，从而提升整体生活水平，有效抑制乡村人口不断流失。无形的乡村文化以乡村居民为文化传承主体，只有通过一代又一代年轻人的学习研究才能传承发扬乡村文化，因此需要鼓励扶持重视乡村文化的传承人，提高他们的社会认可度，鼓励乡村文化队伍建设，避免乡村文化传承主体的流失与文化断层。

推进文化产业，促进永续发展。时代在发展，乡村文化不能一成不变，也不能完全复制其他地方的发展，应通过创新整合，结合地域文化、民族特色、现代科技，以当地特色文化为内生动力，推动文化产业发展，实现文化价值与经济效益的双赢。首先，对当地乡村文化资源进行充分挖掘，突出当地的人文底蕴、自然风貌，保持原真性，展现区别于城市喧嚣的乡村慢生活；其次，抓住消费者迫切需要满足的心理体验与精神需求，增强乡村文化的体验性与互动性，增强吸引力的同时促进人与文化之间的互动交流；最后，保护生态环境，生态环境是乡村得天独厚的基础条件，将自然资源作为优势条件进行开发的同时注重资源保护，保证乡村文化产业的可持续发展，保护乡村文化与村民赖以生存的家园。

健全管理制度，强化宣传手段。乡村文化的开发主体多样，政府、企业、民间资本、社会各方力量都能参与，应该构建一套完整、立体化的监管机制，实行规范化管理，使乡村文化良性发展，建立健全奖惩制度，实行相互监督，对乡村文化传承有贡献的给予奖励，对破坏乡村文化的行为进行处罚，培养社会对乡村文化的保护意识。另外，加强乡村文化的推介宣传，充分利用乡村的生态、建筑、文化资源，积极发展乡村旅游，让大家亲身体验、感受特色乡村自然文化风情，重视乡村文化价值挖掘，提升公众对乡村文化传承的责任感与使命感。积极进行市场开发，让具有特色的乡村剪纸、刺绣、绘画、雕刻等能够融入现代元素，作为纪念品伴随游客走向全国各地，推动乡村经济发展。

随着我国城市化和工业化进程的加快，农村产业由原来的“同质同构”向“异质异构”转化，具有形式多样化、功能复合化的转型趋势，呈现梯度差异逐步扩大、现代农业持续发展、乡镇企业异军突起和乡村旅游业势头迅猛的发展特征。改革开放以来，由于制度和技术的变革，农村产业结构逐渐打破单一农业主导的发展局面，在党和国家大力推进现代农业发展的基础上，乡镇企业和乡村旅游业发展迅猛，并且呈现逐渐成熟化和规范化的趋势，农村的产业结构不断得到调整和优化。然而，由于自然条件、社会经济条件和区位条件的差异，乡村的梯度差异逐步扩大，区域差异和以城市为中心的圈层差异显著。

在新的发展形势下，村庄产业的发展应结合政府发展政策、市场需求、农村资源优势、区位优势和发展过程中积累的比较优势，形成能够充分利用自身资源并符合市场需求的产业结构，培育壮大农村集体经济，促进第一、二、三产业融合发展，积极发展特色产业，构建完善的现代农业体系。

我国村庄量大面广，不同区域的村庄具有不同的自然、区位、社会经济和建设条件。结合各地区村庄的立地条件，将村庄划分为城郊集约型、现代农业型、休闲旅游型、路域经济型和文化传承型五种基本模式。城郊集约型的村庄具有交通便捷、基础设施完善、科技化和专业化水平高、经营方式集约化和规模化特征，积极承接城市的功能转移，为城市和周边农村提高优质化的服务。现代农业型村庄具有先进的农业科技支撑体系、新型农业经营主体和良好的农业生产基础设施，应依托当地资源优势，优化转型农业产业体系，不断推进农业产业体系整体创新能力的提升和经营环境的转变。休闲旅游型村庄具有良好的生态景观资源、独具特色的旅游产品和完善的公共服务设施，应打造乡村休闲旅游亮点，营造“生态＋”的品牌效应。路域经济型村庄具有以路为基，多元发展、依托优势，错位发展、以点带面，协同发展的基本特征。应在完善配套设施和保护自然环境的基础上，围绕道路培育沿线村庄的产业体系。文化传承型村庄具有丰富的历史文化遗产、特色鲜明的村落空间和完善的公共服务设施，应不断提高村民的保护意识，健全村庄文化遗产和特色空间的管理制度，积极推进农村文化产业的发展。

第七章　乡村生态农业规划

当代中国生态农业的主要任务是探索协调经济与生态环境保护，有效开发资源并保证资源的可持续利用，开发有市场优势的主导产业。当代生态农业也必须在充分利用自然生态环境功能的同时，保护和培育自然资源的可再生能力，从而实现以较少投入获得较多产出的农业资源配置和农业再生产循环。本章将对美丽乡村生态农业的营建展开论述。

第一节　农业生态环境的可持续发展

一、生态平衡与生态环境保护的概念

（一）生态平衡的概念

生态平衡是指地球上的所有事物平衡、可持续的发展，包括地球上的所有物种、资源等，但一般指的是人与自然环境的和谐相处。

（二）生态失衡的原因

破坏生态平衡的因素有自然因素和人为因素。自然因素包括水灾、旱灾、地震、台风、山崩、海啸等，由自然因素引起的生态平衡破坏，称为第一环境问题。人为因素是生态平衡失调的主要原因，由人为因素引起的生态平衡破坏，称为第二环境问题。

（三）人为因素导致生态失衡的表现

1. 使环境因素发生改变

人类的生产活动和生活活动产生大量的废气、废水、废物，不断排放到环境中，使环境质量恶化，产生近期或远期效应，使生态平衡失调或破坏。

2. 使生物种类发生改变

在生态系统中，盲目增加一个物种有可能使生态平衡遭受破坏。例如，美国于1929年开凿的韦兰运河，把内陆水系与海洋沟通，导致八目鳗进入内陆水系，使鳟鱼年产量由

2000 万 kg 减至 5000kg，严重破坏了水产资源。在一个生态系统中减少一个物种，也有可能使生态平衡遭受破坏。

3. 信息系统的破坏

生物与生物之间彼此靠信息联系，才能保持其集群性和正常的繁衍。人为向环境中施放某种物质，干扰或破坏了生物间的信息联系，就有可能使生态平衡失调或遭受破坏。例如，自然界中有许多雌性昆虫靠分泌释放性外激素引诱同种雄性成虫前来交尾，如果人们向大气中排放的污染物能与之发生化学反应，则性外激素就失去了引诱雄虫的生理活性，结果势必影响昆虫交尾和繁殖，最后导致种群数量减少甚至消失。

二、农业生态环境可持续发展途径

农业生态环境可持续发展途径主要体现在以下几个方面。

（一）开发利用和保护农业资源

要按照农业环境的特点和自然规律办事，宜农则农，宜林则林，宜牧则牧，宜渔则渔，因地制宜，多种经营。切实保护我国的土地资源，建立基本农田保护区，严禁乱占耕地。加强渔业水域环境的管理，保护我国的渔业资源，建立不同类型的农业保护区，保护名、特、优、新农产品和珍稀濒危农业生物物种资源。

（二）防治农业环境污染

防治农业环境污染是指预防和治理工业（含乡镇工业）废水、废气、废渣、粉尘、城镇垃圾和农药、化肥、农膜、植物生长激素等农用化学物质等对农业环境的污染和危害；保障农业环境质量，保护和改善农业环境，促进农业和农村经济发展，防治农业污染也是农业现代化建设中的一项任务。

1. 防治工业污染

（1）严格防止新污染的发展

对属于布局不合理，资源、能源浪费大的，对环境污染严重，又无有效的治理措施的项目，应坚决停止建设；新建、扩建、改建项目和技术开发项目（包括小型建设项目），必须严格执行“三同时”的规定；新安排的大、中型建设项目，必须严格执行环境影响评价制度；所有新建、改建、扩建或转产的乡镇、街道企业，都必须填写“环境影响报告表”，严格执行“三同时”的规定；凡列入国家计划的建设项目，环境保护设施的投资、设备、材料和施工力量必须给予保证，不准留缺口，不得挤掉；坚决杜绝污染转嫁。

（2）抓紧解决突出的污染问题

当前要重点解决一些位于生活居住区、水源保护区、基本农田保护区的工厂企业污染问题。一些生产上工艺落后、污染危害大，又不好治理的工厂企业，要根据实际情况有计划地关停并转。要采取既节约能源，又保护环境的技术政策，减轻城市、乡镇大气污染。

按照“谁污染，谁治理”的原则，切实负起治理污染的责任，要利用经济杠杆，促进企业治理污染。

2. 积极防治农用化学物质对农业环境的污染

随着农业生产的发展，我国化肥、农药、农用地膜的使用量将会不断增加。必须积极防治农用化学物质对农业环境的污染。鼓励多施有机肥、合理施用化肥，在施用化肥时要求农民严格按照标准科学合理地施用，严格按照安全使用农药的规程科学合理施用农药，严禁生产、使用高毒、高残留农药。鼓励回收农用地膜，组织力量研制新型农用地膜，防治农用地膜所造成的污染。

（三）大力开展农业生态工程建设

保护农业生态环境。积极示范和推广生态农业，加强植树造林，封山育林、育草生态工程，防治水土流失工程和农村能源工程的建设，通过综合治理，保护和改善农业生态环境。

（四）生物多样性保护

加强保护区的建设，防止物种退化，有步骤、有目标地建设和完善物种保护区工作，加速进行生物物种资源的调查和摸清濒危实情。在此基础上，通过运用先进技术，建立系统档案等，划分濒危的等级和程度，依次采取不同的保护措施。科学地利用物种，禁止猎杀买卖珍稀物种，有计划、有允许地进行采用，不断繁殖，扩大种群数量和基因库，发掘野生物种，培育抗逆性强的动植物新品种。

第二节　休闲农业园区规划设计

一、休闲农业园区规划的原则

依据“适用、经济、美观”的规划设计总原则，结合休闲农业产业特点，在休闲农业项目规划设计过程中，应坚持以下原则。

（一）生态学原则

应从当地资源与生态环境实际出发，注重对生态环境的保护。比如，发展循环农业经济，使农业废弃物进行多层次综合、循环利用、生产沼气等清洁能源。植物的种植应尽量模拟自然群落种植形式，利用生物多样性，体现自然生态之美；减少农药、化肥的使用，从而最终创造适宜、自然、环保的美丽新农村。

（二）经济性原则

对于投资者而言，总是期望用有限的经济投入获得最佳的效果。要达到这个目标，首先，应因地制宜，尽量合理利用原有的道路、水体等基础设施条件和农业资源优势，加以适当改造和开发；其次，在规划设计方案时应考虑项目的可行性，避免规划目标过高，难以实施或不能达到预期效果。如成都的“荷塘月色”景区，就利用大面积水面种植莲藕，在荷花盛开的季节可以观景，到后期可以收莲藕和莲子。

（三）文化底蕴和特色化原则

特色是旅游发展的生命，在园区项目规划设计中，应特别强调景区的特色，而休闲农业更多是利用农业资源作为旅游资源开发。农业文明、农村风情和农业知识所具有的文化内涵是其特色所在。深入挖掘其存在的文化资源，展示农村特有的乡土文化和技艺，将农耕文化融入农业旅游中，可以使休闲农业园区有深厚的文化底蕴，创造具有时代风格和特色的农村文化，使园区文化品位得以提升，实现资源的合理开发和利用。

二、休闲农业园景观设计

（一）休闲农业园景观设计的原则

1. 整体性规划设计原则

在休闲农业园的规划设计中，应该根据园区的实际大小，园区涵盖的基地特色，结合当地农村的风土人情特色，结合社会、经济和生态三项重要指标综合考虑。在前期规划设计中还应该考虑观光园的可持续发展，为观光园的后期发展做好充分准备。

2. 保护和发展农业观光园的乡土化原则

农村地区有着不同的风土人情，体验这种风情已成为都市人出游的一种原动力。怎样有效地保护和发扬这种乡土气息就成为前期规划设计考虑的重点；怎样恰当地发挥这种本土优势就成为规划设计的重点。

3. 公众参与原则

农业观光园的前期规划设计不仅是一种政府行为，同时也需要公众的支持和参与。只有得到当地群众的认同和广泛参与，整个项目才能够更好地落实和实施。

4. 可持续发展原则

在观光园的规划设计初期，要考虑到如何健康、和谐、有序地发展观光园。一个成功观光园的建立必须有长期的发展目标考虑。可持续发展的重点是如何解决发展问题，在发展中协调和解决好资源、经济和环境等问题以及广大群众的积极参与等。这些都是可持续发展的重要保障因素。

5. 利用合理有效的宣传手段

打造农业观光园后，主要工作就是保证有充足的游客到园区进行观光游玩。这个阶段对于保障园区可持续发展和园区群众的经济利益十分重要。所以，对于园区的宣传手段有极高的要求，可通过当地政府采取必要的手段进行宣传。

（二）休闲农业园的景观设计内容

根据功能定位确定休闲农业园的不同类型，进行具体的景观规划设计及活动项目安排，以实现项目区内各分区的功能，主要有以下几个方面。

1．交通道路规划

交通道路规划包括对外交通、内部交通、停车场和交通附属用地。根据其功能不同，又可将园内道路分为主要道路、次要道路和游步道。

2．栽培植被规划

栽培植被规划即农业园区内的主要经济作物的栽培，包括草本（大田作物与蔬菜、花卉等）、木本（果树等经济林及人工林）和草木间作三大类型。

3．园林绿化规划

在区域规划、生态规划和栽培植被规划的基础上，遵循风景园林绿化规划理论及乡村景观规划原则，对园区内的景观进行设计。

4．旅游路线的安排

以市场为导向，针对不同的游客，确定相应的价格、合理的旅游线路，并配置相关的旅游专用设施，如餐饮、住宿、交通车辆、商店、娱乐场所等。

5．旅游活动项目的设计

根据观光园的功能定位，结合当地可挖掘旅游资源，设计旅游项目。

三、休闲农业园项目策划基本思路

休闲农业项目策划应以“城市—农村”为整体规划单元，强调城乡生活的对话，突出农村文化特征，打造“可观、可游、可居”的乡村环境景观，构建出“城市—郊区—乡间—田野”的休闲空间系统。

第一，应该充分分析论证现有的农业资源和基础条件，确定目标市场、确定项目的性质和规模等。

第二，根据项目性质等进行布局安排和功能分区。

第三，以农业生产为基础，结合功能要求进行景观规划设计和活动项目开发。园林景观应充分考虑与周围环境的保护和融合及对农业生产过程的景观提炼，活动项目应充分调动游客的参与热情，体现休闲、观光、旅游的特点。在景观设计和活动项目开发时应注重对当地人文历史、风俗民情、农业文化的发掘和展示，让游客获得更多体验和知识。

四、休闲农业园项目论证分析

休闲农业项目的开发具有与一般项目不同的特点，除了一般项目要论证的项目开发资金及来源，区域城镇依托及劳动力保证，区域水、电、能源、交通、通信等基础设施情况，区域内原材料供应情况，建设用地条件等方面外，还需要从更广泛的角度综合论证分析，以下几个方面必须认真分析论证。

（一）本地区农业资源基础的分析

本地区农业资源基础的分析即农业资源基础、自然景观、乡村民俗的可展示性等。如可推动农业和旅游业有机结合，依托中心城市，结合天然林保护、退耕还林和农村发展环境建设工程，以特色林果、花卉苗木、水产养殖等为重点，建设一批独具特色的农业观光园和休闲农庄，发展绿色观光休闲农业。

（二）市场定位分析

从目前我国休闲农业发展现状来看，目标市场主要定位在城市居民，为其提供一个自然、传统、休闲的场所。因此，近期内还无法成为国际性的旅游活动，但可以逐步吸引国外游客。

（三）区位选择分析

社会经济条件良好的近郊农业地带是首选，因为它们具有独特的地域优势，可以通过近郊发展，再带动交通便利、农业基础较好的区域发展。例如，成都市在发展休闲农业时，根据区位条件以及自然景观、人文景观方面的特色，近郊重点发展都市休闲农业，远郊发展以乡村风俗为主的古镇游和生态旅游。

（四）目标市场、地区旅游基础条件分析

主要分析目标市场是否成熟，对休闲农业园的经营内容的需求情况等，从而确定是否开展相应的项目。此外，应分析当地的旅游基础条件是否良好，能否满足游客各方面的需要。

五、休闲农业园项目策划内容

休闲农业园的项目策划依据休闲农业规划的原则，结合项目论证分析，从以下几个方面开展具体工作，最终形成休闲农业项目策划书或休闲农业项目可行性研究报告。

（一）项目规划的指导思想与目标

1. 规划的指导思想与原则

（1）指导思想

贯彻“全面保护自然环境，积极开展科学研究，大力保护和发展生物资源，为国家和人类造福”和“加强资源保护，合理经营利用”总方针基础上，遵照国家环保总局、国家林业局的指示精神，以生态系统功能保护、科学研究和科普教育为重点；以发展生态旅游建设为手段；保护、科研及多种经营协调发展，逐步实现保护管理科学化、科学研究现代化、生态旅游及其开发利用合理化、保护管理基本建设标准化。

（2）规划原则

第一，坚持以保护为主，在保护基础上适当利用的原则：一方面要采取强有力的保护

措施，保护休闲区域自然植被和丰富的野生动植物资源；另一方面要适当利用区内的旅游资源，在保护的基础上，对其进行合理开发利用。

第二，合理划分功能区，布设保护站，划出不同功能区，以满足保护、科研、旅游协调发展的需要。

第三，基础设施建设按高标准、高起点、前瞻性原则进行规划设计，并根据其重要性、紧迫性，突出重点，分步实施。

第四，重视科学研究，积极探索自然生态系统的演变规律和境内主要野生动物的生理、生态习性，为人类社会发现自然规律、运用自然规律服务。

第五，保护生物多样性，促进保护区自然生态系统的良性循环，为可持续发展做贡献。

第六，加强科学和环境宣传教育，增强公众科学与环保意识，提高当地群众的科学文化素质。

2. 总体目标

第一，促进传统农业向休闲农业转型。

第二，拓展农业多功能。

第三，保护并改善生态环境。

第四，改善现有旅游条件。

第五，增加农民收入，促进农民就业。

第六，加强农村基础设施建设。

第七，推动城乡统筹规划和新农村建设。

（二）项目规划的总体流程与步骤

第一，项目开发商沟通，初步了解对方意图和规划要求。

第二，对拟规划地区基本情况进行分析，包括地区和项目区内的自然资源与环境条件、社会经济条件、交通区位条件、农业及农村发展状况、政府政策及发展规划。

第三，现场调研，分析项目区发展现状及其优劣势。

第四，市场分析分别为：客源市场（包括国际市场和国内市场）；产品市场（包括农副产品和旅游产品的目标市场定位分析）；机会市场（核心市场以外的其他市场）。

第五，确定项目规划方案。

第六，方案实施。

第七，项目实施效果评估及总结。

（三）项目区功能定位、功能分区及规划

1. 功能定位

功能定位包括的类别有人文生态景观、休闲度假、观光采摘、乡土文化、高新科技示

范等。

2. 功能分区

根据确定的功能定位，进行功能分区。目前，所见的各类农业观光园虽然设计创意与表现形式不尽相同，但功能分区大体相似，多为“三区结构模式”，即核心生产区、农业观光娱乐区和外围服务区。

3. 项目设计

根据功能定位确定的休闲农业园的不同类型，进行具体的景观规划设计及活动项目安排，以实现项目区内各分区的功能，主要有交通道路规划、栽培植被规划、园林绿化规划、旅游路线的安排、旅游活动项目的设计等方面（图 7－1）。

图 7－1　乡村休闲茶园设计

（四）项目的整体效益评价

1. 经济效益

经济效益包括财务估算和财务效益评价两部分内容。

（1）财务估算

财务估算包括成本费用估算（包括直接生产成本、财务费用及市场开发费用）、销售收入估算（产品销售、观光服务及其他业务收入）和税金估算（产品销售税、城市维护建设税等各项税费）。

（2）财务效益评价

财务效益评价包括项目损益分析、项目盈利能力分析（包括内部收益率和投资回报期）、风险分析（包括市场风险和自然风险）。

2. 社会效益

社会效益主要是从旅游功能、就业贡献、农民增收等方面进行评价。

3．生态效益评价

生态效益评价主要是指评价整个区域内的生态环境改善、农产品质量安全认证情况等。

第三节　家庭农场的规划设计

一、家庭农场的释义

作为一种新的农村土地经营模式，家庭农场农业经营的规模相对来说较大，专业化程度也相对较高，是企业法人实体的独立运作，自负盈亏，科学管理。不同国家、不同学者的论述从不同角度对家庭农场的内涵进行了剖析，具有一定的科学性和技术性，将会对中国家庭农场的发展起到积极的促进作用。

结合中国土地所有制的性质以及农业的生态效益和社会效益，可以这么认为，家庭农场是以土地公有制性质为基础的，以家庭农户为基本生产经营单位，以国家宏观政策调控下土地流转为保障，以经济效益、生态效益和社会效益为经营目标，以家庭劳动力、资产及农业科技为生产要素进行农业生产经营活动的自主经营、自负盈亏、自我发展和科学管理的法人微观经济实体。

二、家庭农场规划遵循的基本原则

（一）提高农业效益原则

家庭农场是实施土地由低效种植向高度集成和综合利用转变，是适应城市发展、市场需求、多元投资并追求效益最大化的有效途径。因此，规划布局应充分考虑家庭农场的经营效益，实现农场开发的产业化、生态化和高效化，达到显著提高农业生产效益、增加经营者收入的目的。

（二）充分利用现有资源原则

一是充分利用现有房屋、道路和水渠等基础设施。根据农场地形地貌和原有道路水系实际情况，本着因地制宜、节省投资的原则，以现有的场内道路、生产布局和水利设施为规划基础，根据家庭农场体系构架、现代农业生产经营的客观需求，科学规划农场路网、水利和绿化系统，并进行合理的项目与功能分区。各项目与功能分区之间既相对独立，又相互联系。农场一般可以划分为生产区、示范区、管理服务区、休闲配套区。二是充分利用现有的自然景观。尽量不破坏家庭农场域内及周围已有的自然园景，如农田、山丘、河流、湖泊、植被、林木等原有现状，谨慎地选择和设计，充分保留自然风景。

（三）优化资源配置原则

优化配置道路交通、水利设施、生产设施、环境绿化及建筑造型、服务设施等硬件；科学合理利用优良品种、高新技术，构建合理的时空利用模式，充分发挥农业生产潜力；合理布局与分区，便于机械化作业，并配备适当的农业机械设备与人员，充分发挥农机的功能与作业效率。此外，为方便建设，节省投资，建筑物和设施应尽量相对集中和靠近分布，以便在交通组织、水电配套和管线安排等方面统筹兼顾。

（四）充分挖掘优势资源原则

认真分析家庭农场的区位优势、交通优势、资源优势、特色产品优势以及农场所在地光、温、水、土等方面的农业资源状况，并以此为基础，合理安排家庭农场的农作物种植、畜禽养殖特色品种、规模以及种养搭配模式，以充分利用农业资源和挖掘优势资源；在景观规划上，充分利用无机的、有机的、文化的各视觉事物布局合理，分布适宜，均衡与和谐，尤其在展示现代化设施农业景观方面达到最佳效果；充分挖掘农场现有自然景观资源。

（五）因地制宜原则

尽可能地利用原有的农业资源及自然地形，有效地划分和组织全场的作业空间，确定农场的功能分区，特别是原有的基础设施包括山塘、水库、沟渠等，尽可能地保持、维护，以节省基础性投资；要尊重自然规律，坚持生态优先原则，保护农业生物多样性，减少对自然生态环境的干扰和破坏。同时，通过种植模式构建、作物时空搭配来充分展示农场自然景观特色。

（六）可持续性原则

以可持续发展理论为指导，通过协调方式将对环境的影响减少到最小，本着科学、尊重自然的态度，利用当地资源，采取多目标、多途径解决环境问题，最终目标是建立一个具有永续发展、良性循环、较高品质的农业环境。要实现这一规划目标，必须以可持续性原则为基础，适度、合理、科学地开发农业资源，合理划分功能区，协调人与自然多方面的关系，保护区域的生命力和多样性，走可持续发展之路。

三、家庭农场规划方法

针对农业园区的规划提出了“四因规划法”，家庭农场规划设计可以参照此方法进行。四因规划，即因地制宜、因势利导、因人成事、因难见巧。在此基础上，我们认为，家庭农场可以采用五种方法进行规划（图 7－2）。

（一）因地制宜

根据地块本身及周边的地形地貌、乡土植被、土壤特性、气候资源、水源条件、排灌

图 7－2　新型农业园区设计

设施、耕作制度、交通条件等具体情况，制订场区规划。因此，因地制宜规划法则，要求在规划工作前期，深入了解农场地块及周边的自然地理环境、农业现状和基础建设条件，获得重要的基础数据，以保证规划方案具有较强的可操作性。

（二）因势利导

农场本身就是一个系统，根据系统工程原理，系统功能由其内在的结构来决定，而系统能否发展壮大，由其内在结构因素和外部因素共同决定。外部因素通常包括经济周期、科技发展趋势、政府宏观政策、行业发展状况等。因势利导法则要求在规划时，综合分析社会进步、经济发展、科技创新、市场变化的大趋势，国内外相关行业的总趋势，研究政府的意志和百姓的意愿，对农场进行战略设计和目标定位。在此基础上，对农场进行功能设计和项目规划，保证农场发展在一定时期内具有先进性和前瞻性。

（三）因人成事

农场主体属地化特征和区域优势农产品影响较大，要求在组织管理体系和运营机制的设计中，要把科学管理的一般原理和地方行政、地方文化相结合。应用因人成事规划法则，要求在规划过程中研究规划实施主体及其内外关系、相互关系，反复征求项目实施主体对规划方案的意见，甚至可以把规划实施的主要关系人纳入规划团队中，使规划方案变成他们自己的决策选择。

（四）因难见巧

这主要强调规划成果要解决项目的发展难题，提出一个可行方案。要求农场规划者要有更高的视野来设计农场的目标和功能，在规划过程中，自觉运用系统工程的思想和方法，积极思考，勇于创新，通过反复调查、研究、策划、征询、论证、提高，锤炼出既有前瞻性又具有可操作性的农场建设和运营方案。

（五）因事制宜

这主要是针对农场定位、场内项目的规划、功能分区以及景观设计等而言。根据农场所在区域特征、资源优势以及业主的要求确定农场的主题，如果是休闲农场，也应有其鲜明的主题和特色；如果是单一种植农场、养殖农场，也应有其主要品种与规模；如果是综合性农场，应确定是生产性的还是科技展示抑或多功能复合性的，必须考虑各个功能分区布局以及其适宜的组配模式。因此，在确定农场主题的前提下，应当根据农场内实际条件，科学合理规划场内分区、功能项目、景观营造等，确保农场的规划符合业主要求，科学合理，同时可操作性强。

四、家庭农场的区位与选址

（一）家庭农场的区位

家庭农场的区位选址需要从气候、光照、温度、土壤、水源等与农业生产直接相关的因子及农业科技、配套设施等多个方面加以考虑。影响家庭农场规划选址的因素很多，其主要影响因素体现在以下几个方面。

1. 基础条件

基础条件是指家庭农场选址的实际情况，主要包括自然环境条件、用地条件和基础设施条件。基础条件对农场选址有直接影响，关系到农场的产业规模、空间布局及主导产业发展方向等问题。

2. 自然环境条件

家庭农场选址的自然环境条件主要涉及气候条件、水文与水质条件、生物条件等。气候条件的影响因子主要是指对农作物的生长至关重要的光照、温度和降雨量。优质丰富的水资源不但能为农场内的生产和生活提供用水，而且可以作为景观资源进行开发。生物条件主要包括场内种养现状、微生物的种类及生长状况等。良好的自然环境条件是发展农业生产的基础，也是决定家庭农场选址的关键。

3. 用地条件

用地条件影响家庭农场项目的开展和建设，因此也是选址的重要影响因素之一，主要体现在地形地貌、坡度、用地类型和土地流转集中状况几个方面。常见的地形地貌从坡度分布与分级、沟谷分布数量结构等方面来考虑，主要分为高原型、平原型、盆地型、山地型、丘陵型和岛屿型，不同地形地貌特征使农场类型多样，进而影响农场的产业类型。总体原则是因地制宜，统筹兼顾，突出特色，坡度对景观营造和建筑道路建设起着重要作用。

4. 基础设施条件

家庭农场选址地内及周边的水、电、能源、交通、通信等基础设施是农场规划建设中不可或缺的条件和因素。选址地基础设施条件直接关系到农场开发建设的难度和投资金额。便利的外部交通有助于区域外的人力资源、技术资源、信息资源、资金等向农场集聚，同时，可以提高其招商引资的能力，吸引更多有实力的农业科技企业来农场投资。便捷的内部交通则保证农场内农产品生产、加工、包装以及运输等有序进行。水电、能源设施是农场进行高科技农业生产的保证；完善的通信设备，有利于保证市场信息、科技信息等的收集、分析和发布。

5. 经济基础

经济基础是指农场规划选址地的经济发展状况，涉及经济发展水平、农业发展水平、居民生活水平、资金、市场等许多方面。当地经济环境条件对农场的建设与发展影响很大。对于经济较发达的地区，经济活跃有利于农场集聚资金，产业发达有利于农场生产布局，促进规模化生产和高科技的投入，发展潜力大；反之，潜力小，制约农场及当地产业发展。衡量某地经济水平的两个重要指标是当地的市场消费能力和投资能力。

6. 市场消费能力

保障农场未来的农产品能够销售出去是家庭农场立项的必要条件之一，必须予以高度重视。农场所在区域的市场消费能力在很大程度上影响着农场的发展规模和农产品的销售前景，当然也影响着农场经济效益。因此，在农场规划前期，加强市场消费能力的调查分析，是避免造成农产品区域过剩的有效办法。

7. 投资能力

家庭农场项目资金的来源主要有三种途径：一是申请国家财政资金，主要用于农场基础设施建设和农场发展科技支撑等方面；二是引进企业资金投资；三是当地农民入股投资。农场规划选址时需要考虑上述三种方式的投资能力，或加强与银行、投资公司的合作，拓展投资渠道，探索新的投资方式。

8. 科技水平

场地所在地的农业科技水平是农场选址应当考虑的因素之一。农业科技包括农业生产技术装备、农业机械化程度、农业耕作技术、农业信息化水平、农业经营管理水平等方面。农业科技水平高，有利于提高劳动生产率。先进和适用的耕作技术应用范围广，农业资源就能得到更好的优化配置，进而充分发挥农业生产的地域优势。先进的农业科技有助于促进农民改变传统的价值观念、生产方式和生活习惯，有利于农业生产经营活动，从而促进农场健康良性发展。

9. 人文资源

家庭农场的功能一般不再局限于传统农业单一的生产功能，科普功能、教育功能、休闲观光功能等在一定程度上也成为农场功能的重要组成部分。因此，应对家庭农场，特别是休闲观光农场选址地周围的人文资源进行合理开发，把农牧业生产、农业经营活动与农村文化生活、风俗民情、人文景观等农业生产景观、农村自然环境有机结合，建设成集生产、加工、观光游赏、科普教育等多功能为一体的综合性家庭农场。

（二）家庭农村地址选择应考虑的因素

第一，选择宜做较大规模农业生产的地段，地形起伏变化不是很大的平坦地，作为家庭农场建设地址。

第二，选择自然风景条件较好及植被丰富的风景区周围的地段，也可在旧农场、林地或苗圃的基础上加以改造，这样可投资少、见效快。

第三，选择利用原有的名胜古迹、人文景观或现代化新农村等地点建设现代休闲农场，展示农村古老的历史文化抑或崭新的现代社会主义新农村景观风貌（图 7－3）。

图 7－3　雷州市邦塘南古村环境修复与改造效果图

第四，选择场址应结合地域的经济技术水平、场址原有的利用情况，规划相应的农场。不同经济水平、不同的土地利用情况，农场类型也不同，并且要规划出适当的发展备用地。

五、家庭农场产业项目规划

家庭农场规划中的产业项目设计时，既要考虑满足当地开发条件，又要考虑农场经济效益的，如农作物种植、经济作物种植、花卉苗木种植、水产养殖等的场地条件和设施条件。规划时要考虑农场产生技术的先进性，特别是机械化生产技术和现代设施农业生产技术的运用。

（一）规划要求

1. 经济效益

农场的项目选择，关系到整个农场的技术水平和经济效益。经济效益是现代农场生存和发展的主要目标。因此，产业规划时应从实际出发，充分考虑当地资源、市场等方面的优势，抓住当地的农业特色和优势农产品，分析产品市场上的供求关系、价格幅度、风险因子等，厘清农场产品的占有额以及市场扩展能力，确定农场产业发展的方向和目标。

2. 主导产业

选择具有资源、市场、技术等潜在优势和广阔发展前景的产业作为农场的主导产业，通过进一步开发和挖掘，使之发展成为当地农村或区域经济发展的支柱产业，带动农场及当地的农业产业发展。如水稻产区的有机稻米生产、四川的无花果种植、青海的冬虫夏草、重庆的翠藕等。

3. 先进技术

农场的项目选择必须以先进的科学技术为支撑，这样农场不仅可以作为带动区域经济的增长点，而且可以成为高新技术产业培育与成长的源头，向社会各个领域辐射，体现农场的示范作用。

（二）产业规划内容

1. 功能定位

现代农场产业要根据农场规划的指导思想和发展目标，立足当地社会经济的实际条件，因地制宜，突出重点，确定恰当的建设内容和技术路线，指导农场产业规划建设，使农场发挥其应有的作用和影响。

2. 主导产业

合理的主导产业可以有效带动农场产业发展的步伐，同时，还可以辐射周边地区，促进农业经济的发展。因此，在规划农场主导产业时，首先，要明确当地经济发展状况和农业产业发展趋势，结合国家和当地政府的农业政策及消费市场需求，认真分析主导产业的发展前景和发展空间。其次，应该慎重选择主导产业，通过定性分析和定量分析进行综合筛选，确定符合要求的产业作为农场的主导产业进行培育。种植业、畜牧业、水产养殖业和农产品加工业以及休闲农业等领域都有可能成为现代农场的主导产业。

3. 优势产业

优势产业立足于现实的经济效益和规模，注重目前的效益，强调资源的合理配置及经济行为的运行状态。现代农场的优势产业规划应立足于当地农业基础产业的发展现状，在确定主导产业的基础上，选择主导产业内的优势农产品作为优势产业。比如，种植业中选择优质稻米生产，畜牧业中选择宁乡花猪、黄山鸡、临武鸭养殖等。在农场内为优势产业提供其发挥功能的空间，实现其产业价值。

4. 配套产业

配套产业是指围绕该农场主导产业，与农产品生产、经营、销售过程具有内在经济联系的相关产业。对于以农业生产为主导产业的农场来说，餐饮业、旅游业等第三产业即为该农场的配套产业。观光休闲农场则以观光、娱乐、休闲、养生、体验为主业，农业生产是配套产业。配套产业虽然不能作为农场主导产业，但其可保障农场功能的顺利开展，促进农场全面发展。

（三）保障措施

第一，完善农场技术保障机制。依托科研院所，通过成果转让、项目咨询、技术培训等方式为农场的发展提供技术支持。

第二，制定和完善配套政策。为建设现代农场的投资企业、创业人员、高新产业等提供优惠的政策支持。

第三，加强农场社会化服务体系建设。加强农业信息网络建设，完善农产品供求和价格信息采集系统、农业环境和农产品质量信息系统等，为农场发展提供信息服务平台。

第四，建立多层次、多形式、多渠道的投资机制。形成以政府财政投入为导向，信贷投入为依托，企业、农民投入为主体，社会资金和外资投入为补充的多元化农业投资格局。

第四节　传统手工艺恢复与农俗体验

一、传统手工艺概述

手工工艺是艺术范围中的一种，也是和社会生产有直接联系的非物质文化之一。它具有精神生产和物质生产的双重属性。传统手工艺是指人用手对原材料进行加工造型的活动，用人手进行劳动是其最基本的特征。人手对原材料进行加工的过程中，必须对原材料进行一定的造型处理，在处理过程中，加入自己的审美意识，从而具有一定的艺术创作特性。自有人类以来，就有了手工艺，最早的手工艺就是人类为自己制造工具和器具。打磨的石器、兽皮衣服、贝壳项链等，就是人类最早的手工艺品。随着人类生产能力的提高，手工艺的种类越来越多。到了奴隶社会，手工艺成为专门的行业。西周时期“百工”，奠定了中国手工艺的基本类型。世界其他国家的手工艺也在奴隶社会形成其基本类型。在之后漫长的时期里，手工艺一直在不断丰富发展，与人类的生产、生活紧密地结合在一起。直到工业文明到来，手工艺在制造业的主流地位逐渐被机器生产所取代。

手工艺首先是一种生产活动，是一个造物的过程，其最核心也是最基本的特征就是用手工进行生产。一切由人手工进行的劳动，都可以称为手工劳动，而在劳动过程中加入一定的造型装饰活动，就是手工艺。手工劳动和手工艺的差别就在“艺”上，前者强调技术，是一种单纯的劳动，后者则更有艺术创作的特点。前者强调实用功能，后者体现审美意识，前者是后者的基础，后者是前者的升华。但大多数时候两者之间并非泾渭分明，而是你中有我、我中有你。即使是最简单最普通的砖瓦制造，也有很多艺术加工的空间，如各种特色的花型砖，维吾尔族就特别擅长用各种砖进行建筑的装饰。所以，本书将一切手工进行的造型活动统称为手工艺。

二、传统手工艺生存现状

工艺属于技术范畴。技术是能动的和随时代而更替的，一个时代有一个时代的工艺和技术。现代的织染技艺不同于近古的，近古的织染技艺不同于中古的，中古的又不同于上古的，与时俱进是传统工艺的传统。

在前现代的漫长历史时期，人们较少有自觉的文化保护意识。在我国，重人文轻技艺的文化传统，导致许多重大发明创造不见于史籍或只有片断的记载，例如，铸铁柔化术和雕版印刷。

从 20 世纪后半叶起，文化保护的重要性、必要性和紧迫性成为国际社会的共识并见诸行动。世纪交替之际，包括传统工艺在内的非物质文化遗产的保护传承提上了议事日程。国务院相继公布了第一、二批国家级非物质文化遗产名录，传统手工技艺加上民间美术类的雕塑、编织扎制、刻绘进入名录的有几百项。

长期以来。观念和体制的缺失与错位，使传统工艺保护传承受到忽视和漠视，一些珍贵技艺湮没失传却无人过问。尽管如此，由于我国幅员辽阔和社会经济发展不平衡，许多传统工艺仍以原生态保存于民间。手工艺有很强的生命力，手艺人是清贫、敬业和乐天的。随着非物质文化遗产保护工作的推进，已进入名录的传统工艺有望在政府主导下，经艺人、社区、企业、专家的共同努力得到保护。尚未进入名录的也将逐步列入省级和国家级名录，作为公众和国家意志的体现，经由政府行为和民众的自觉行动而得到保护和传承。从这个意义上来说，传统工艺的当代命运要优于近代和古代，这是时代的进步使然，是值得庆幸的。

当前，传统工艺保护还不成熟，规范有序和切实有效的保护需要经过一段时间的磨合方能实现。在这种情况下，艺人、社区的自觉行动是格外重要的。在保护工作中，政府有领导和保障之责，但不可能也不应包揽一切。创造和承传传统工艺的艺人和社区，理所应当是保护、传承和发展、振兴的主体。传统工艺各有特点，其功用和赋存状态不尽相同，保护形式和传承机制也有所区别。例如，畜力驱动的木轧辊榨油技艺因技术更替势将难以为继，应当以采取记忆性保护的方式为宜。山西老陈醋和上海老凤祥金银细工技艺发展趋势良好，应可自主传承。北京扎彩子技艺经文化行政主管部门扶持，有望拓展市场，持续发展。有些已不符合时代要求，势将被新技术所取代，但确具重要历史价值和学术价值的技艺，如江苏沐阳的大风车和黑龙江地区的鱼皮工艺，作为上古孑遗的活化石理应妥善保护，甚至由政府出资维护。

关于传统工艺的传承，20 世纪 50 年代以来，由于工业化的推进和社会经济体制的转型，已形成家族传承和社会传承并存亦即非正规教育和正规教育平行发展与互补的新的格局。这对传统工艺的保护和振兴是有利的，应大力提倡和推广。长江后浪推前浪，一代更比一代强。近年来，具有大学、研究生学历的年轻人加入传统工艺行列的已不少见，在职的青年艺人也有许多在接受学历教育，努力提高文化水平和技能。当既有较高文化程度又有娴熟专业技能的一代新人接掌本行业时，传统工艺发展振兴新局面的开创，当是顺理成章、水到渠成之事。

手艺是永恒的，有人类就有对手艺活动和手艺制品的本能爱好。随着现代化程度的提升，手艺活动和手艺制品将更广泛地融入人们的日常生活，成为现代化生活的组成部分；手艺的保护传承和发展振兴也将得到更多关注，成为现代化建设的题中应有之义和不可或缺之举。我们有理由对传统工艺的当代命运持乐观的态度，尽管要走的路还很长。

三、传统手工艺面临的困境

（一）传统手工艺日渐减少

在当今时代，手工艺品中的日用品日渐减少，作为生产工具的则更少，手工艺已经与日常生活、生产日益相脱节。

手工艺与日常生产生活的脱节首先表现为自给自足的手工艺基本消失。其原因在于，在一个地区通电后电力带动的日用生活用具、农具就迅速取代了之前手工制作且需要手工操作的相应工具。

目前，日常生活中自给自足的手工艺只零星存在于部分老龄人口和少数现代化尚且无法推进的地区。对于前者，自给自足只是一种生活或生产的习惯，对于后者则是无奈选择。例如，20 世纪 80 年代早期，在中国的乡村，缝纫机还是结婚必备用品。但是三十多年后，缝纫机已经接近古董了。1980 年以后出生的女性很少会使用缝纫机，更不用说刺绣和裁剪这样有一定技艺含量的女红手艺了。

自给自足手工艺的消失，是经济发展的一种必然，是技艺持有者主动的放弃，是具备了选择条件后的一种主动行为。如果他们要继续自给自足，大多是出于对自制产品品质的肯定和对旧日时光的留恋，也是一种主动保留，但现实中，愿意保留的人十分稀少。

（二）市场萎缩或消失

当下的手工艺，绝大部分行业都无法继续保持其最兴盛时期的市场。总的来说，手工艺作为依赖市场需求来支撑的非遗行业，整体呈现市场萎缩甚至消失的危机。这也是目前绝大部分手工艺陷入困境的主要外在原因，也是导致手工艺后力不继的主要动因。

（三）缺乏继承人

手工艺的后继乏人表现为三个层次：第一个层次为缺少后继的学艺者、从业者，面临失传的危险；第二个层次为缺少年轻的后继者，尤其是 40 岁以下的青年从业者；第三个层次为缺少高素质的从业者和学艺者。第一个层次的后继乏人如果比较严重，就表明该项手工艺现状堪忧，濒危状况较为突出；第二个层次的后继乏人对项目的影响目前尚不明显，但在未来的10—20年后就会显现，影响到该项手工艺在未来的存续；而第三个层次的后继乏人则会影响项目存续的质量，也会逐步影响到项目未来的发展趋向。

当今，现实是在手工艺的从业者中，非常缺乏具备能够成为大师必备素质的年轻人。这种现象的存在使得众多传统手工艺项目固有文化精髓的继承受到严重影响，更无法谈及在继承基础上的创新与提高。所以，从业者素质的降低，将在更深层面上影响到项目的健康存续。

四、传统手工艺的出路

民间传统手工艺要想继续传承与发展，需要考虑的因素较多，这里从中选取最主要的几点进行论述。

（一）努力培养人才

传统手工艺如果想在当代健康发展，艺人、设计师和营销管理人才都是不可或缺的，他们共同构成了手工艺生产单位人员的合理结构。从人员获得程度的难易和对一个单位以及行业发展稳定性的重要程度而言，生产者尤其是艺人（技艺的掌握者）无疑最重要，最需要着力培养。值得注意的是，对于艺人的培养不仅仅只是停留在技艺的培养，还要求培养艺人的文化艺术修养能力与综合素质以及一定的设计能力。设计者和营销管理人员在专业上都具有一定的共通性和普遍性，即一位设计师和营销管理人才可以在不同的行业内工作，而且设计和营销管理专业发展至今，已经建立了高度成熟的学科体系，众多高校也都开设了相应的专业课程培养这方面的人才，学习者可以在较短时间内掌握有关的知识与能力。对于一个手工艺行业和单位而言，只要能够提供可接受的薪酬，就可以拥有相应的设计和营销管理人员。但是，手工艺人的学习和历练周期显然比前两者都要漫长，而且很多手工艺尚未建立学校教育体系，也无法建立起学校教育体系，只能通过口传身授的方式来学习，其技艺掌握过程中的不可控因素比学校教育要多很多，这些都使手工艺人的培养成为手工艺生产经营中的重中之重。技艺传承工作是手工艺能否可持续发展最核心的决定性因素。

（二）对传统手工艺的传承与创新

传统手工艺应该以传承为务还是创新为重，这种争论也许将一直持续下去，很难有定论。有趣的是，认为一定要坚守传统、首重传承的，多是理论研究者。而认为一定要创新才有生存可能的，多是艺人、生产者和营销人员。前者更重视原有文化内涵和技艺特点的保持，担心创新会使传统手工艺经过千锤百炼而形成的独特风格韵味丧失，从而最终失去最为可贵的精髓，反而加速了传统手工艺的衰微乃至消亡。而后者则直接面对市场，而且大多面临一定的生存压力，认为只有改变创新才能获得新的生存空间，才能激活传统手工艺在现代社会的发展潜力。这是从两个不同角度理解传统手工艺的现代存续方式和途径，其并无本质的冲突。事实是，在现代存续状态良好并且有可持续性的传统手工艺，无不是寻找到了传承与创新结合的较好路径。没有对传统的传承，创新就会失去技艺和文化内涵的支撑，不可持续；而没有创新，传承也无法融入现代生活，难逃衰微。

作为活态传承的文化，非物质文化遗产本身是一个不断变化的过程，其传承者总是会根据其所处的社会环境，对非物质文化遗产不断进行建构和重构，推陈出新。传承至今的每项非遗，都带有各个时代的烙印，都是不断创新发展的产物。现代传统手工艺的传承与创新，根本上取决于艺人与消费者、生产与市场之间的互动。采取何种传承方式与经营模式，都是生产者根据手工艺的技艺特点、市场与使用者的特点而做出的选择。除极少数行业或项目外，保持传统基础上的变化是传统手工艺在任何时代传承发展的一个趋势，而根据不同人群进行产品的细微变化则是传统手工艺一直具备的优势。只是在传统社会，手工艺的整体变化速度相对缓慢。而在当代，市场本身变化速度加快，反过来促使传统手工艺必须不断变化以适应市场需求，由此创新对获得生存空间就更为迫切，但没有对传统手工艺精髓的真正传承，创新就很容易失去其最为核心的风格，就会迷失子市场，最后失去市场。创新与传承不仅并行而不悖，而且相辅相成、缺一不可。

当代之所以会有创新与传承的争论，就在于很多人对“创新”与“传承”的误读曲解。其中，对传承的误读主要体现为：传承中拘泥于产品外在形式的坚守，而忽略其技艺的多元应用；将传统手工艺的技艺和文化内涵绑定于某一时期，认为只有那个时期的才是最纯正的，由此排斥其后的任何改变。

而对创新的误读根本就在于对传统手工艺固有文化内涵和价值理解的浅薄化、片面化甚至肆意曲解。在没有真正理解传统手工艺的文化内涵和技艺特点的前提下，就随意对传统手工艺的文化元素进行改造、解构和组合，甚至将传统手工艺与其他现代艺术进行嫁接或拼接，制造出既无传统神韵也无现代美感的产品，而冠以创新、个性之名，在哗众取宠之后被市场所抛弃。

所以，在传承和创新关系上，一定是传承为先，创新必须以掌握核心技艺和理解文化内涵为出发点，在此基础上进行合理而适度的创新。

（三）获得市场需求

传统手工艺衰落的最根本原因在于其所依托的生态环境的改变使其功能弱化、市场萎缩、需求减少，从而失去存续的动力。因此，在传统手工艺的保护问题上，出现了唯市场论，认为只要有市场的手工艺就可以存续，没有市场需求的就无法存续，也就应该衰亡。但在手工艺的具体保护实践中，我们却会发现，尽管市场在手工艺的存续和发展中起着决定性的作用，但并不是唯一决定性因素。手工艺作为以人为传承载体的非物质文化遗产，其存续的内在决定因素还是生产者本身。而由于人的能动性，生产者和使用者之间是一个有机互动的关系，这两者都是不断变化的因素。在这种互动关系中，手工艺人与生产单位对于市场及其趋势的适应性努力和开拓性努力都是非常重要的。一个原有功能已经无法发挥、行业整体萧条冷清的手工艺，却可能仍然有生产者或单位在生产，并且产品还有不断增长的稳定市场，原因是他们适应市场变化，调整更新了产品功能，当然，这个前提是一大批同行的退出。还有少数手工艺行业，已经多年无人生产也无人问津，但通过一些人的努力而“起死回生”。20 世纪 50 年代初，林徽因等人对景泰蓝的抢救工作，使这一古老的技艺得以复兴。而与之相悖的另一个现实是，有些产品市场需求本来旺盛，却因为生产者之间的恶性竞争、粗制滥造而导致市场急剧萎缩。

综上所述，在传统手工艺的保护传承中，最为重要的能动因素就是人。参与手工艺的生产经营人员，是手工艺传承保护中的核心力量。而市场作为最重要的外部制导因素，与资金、生产场地、原料、工具等因素一起构成手工艺传承保护的外在条件，内在和外在条件一起决定了传统手工艺的生死兴衰。

五、农俗体验的多层次开发利用

乡村旅游开发必须突出农耕文化，农耕文化与工业文明对比度越大，其田园意味就越足，对都市居民的吸引力就越大。

（一）天然的环境和舒缓的生活节奏

屋前篱笆，田间小道，落日余晖，清晨炊烟，乃至茅舍鸡声、柳塘鹅影等，都是乡村特有的自然美景。因此，我们在乡村旅游开发中必须努力增加“大自然”之美在游客心目中的份额，让游客在吃、住、行、游、购、娱上更加贴近自然、融入自然，使乡村真正成为他们回归自然、享受宁静和闲淡生活的地方。另外，对城市周边地区旅游开发地来说，要吸引游客在旅游地居住，就不能把农居夜景搞得灯火辉煌，即让游客于竹椅、草榻之上，可以静心地看星星、看月亮，观察夜幕中的天象，细听草丛中虫儿的鸣叫声，等等。这些正是时时处于光污染包围中的都市人所追求的新奇体验。

（二）农耕文化的展示

我们在乡村旅游开发中可以建设以农耕文化为主体的农业游乐园，在其中设置风车、水磨（石磨）、手推车、脚踩水车、马（驴）拉磨、手工织布机、犁、耙、锄、镐等多种多样的农业生产工具；通过图示、文字和现代声像设备解说古老的农业历史和农耕文化；开展插秧、割稻、拾穗、灌园、牵牛牧羊、饲鸡喂鸭、碾米、磨面、水车灌溉、木机织布、手工编织、陶制品制作等农业生产体验活动，并可以对农耕生活形态的一些典型景象提纯集萃。比如，将牛背吹笛、荷塘采莲、小溪摸虾、戏台学步等作为乡村旅游项目的绝妙点缀，从而让游客在丰富有趣的旅游活动参与过程中进一步了解中国博大精深的农业历史和农耕文化。

（三）农耕“出租”

我们在乡村旅游开发中可以让游客租用农家住房、灶具、燃料（如茅草、秸秆）等，自己动手过两天农家生活。即在白天，让游客自己到菜地摘瓜、割菜，在厨房宰鸡、杀鸭，和面做各种食物，甚至去农田参加培土、锄草、浇水、施肥等体力劳动；晚上，组织他们与农家趣谈，并举办篝火活动、观看地方戏等，使都市人充分享受农家的融融之乐。

（四）与传统礼俗文化结合

我国是“礼仪之邦”，在我国的文化历史遗产中，礼俗内容有许多精华需要我们继承下来并发扬光大。因此，少数民族地区在乡村旅游开发中应尽可能发挥本民族独有的民俗文化。即让游客在欣赏一天的自然美景后，于日落西山时被邀请进入当地村民的住处，喝一口当地的茶水，品一口当地的美酒，尝一口当地的美食，与当地居民共饮共食共乐，并向他们学习各种以礼待客之道，等等，由此使游客在休闲、娱乐之余，又增长知识，从而让当地旅游资源产生更大吸引力。

（五）与传统节日民俗文化结合

我国的节日民俗文化丰富多彩，是一座丰富的宝藏，其中，有许多资源是可以被开发利用，并为旅游事业的发展发挥应有作用的。我国悠久的历史使节日文化的内涵极为丰富，而且这些节庆都是劳动人民生活、劳动、智慧和愿望的反映。如春节，即一年的开始，一般老百姓都要换上新衣，连普通的杯、碗、筷也要添换新的，意味着在新的一年有新气象。还有元宵赏灯、猜谜、舞狮子；端午赛龙舟，用竹筒储米和粽子一起投入江中喂鱼虾，等等。虽然少数民族有许多节日跟汉族相同，但他们特有的节日也很多，且各具特色，如藏族的藏历新年、回族的开斋节、彝族的火把节、傣族的泼水节等。这些节日都是很好的旅游资源。只要各地稍加开发，并与当地的其他旅游资源充分合理地结合，就能成为促进当地旅游发展的新亮点。

（六）与传统的婚俗文化结合

虽说结婚是人生大事，但是随着社会节奏的加快，越来越多城市年轻人提倡简约式婚礼，但是在很多少数民族地区还是保留其原有的婚俗习惯。现在旅行结婚已成为当代青年中一大时尚，即使举行完传统婚礼大多数新人也会在新婚期间到喜欢的地方去旅游，即“度蜜月”，这就为少数民族地区开发婚俗旅游资源提供了市场。这些旅游开发地可以迎合游客尤其是年轻人这种求新、求异的心理特征，为他们提供具有本民族特色的婚礼服务，使当地的民俗文化得到更全面的展示。同样，游客如果能在异地旅游的同时还能参与或者举行一场别有一番异域风情的婚礼，相信此举不仅能加深两人的情感，而且使其新婚之旅甚至整个人生增添意外色彩。

参考文献

[1] 康芳，杨文义，王静然．乡村振兴战略规划与实施［M］．北京：中国农业出版社，2021.

[2] 蒲实，袁威．乡村振兴战略导读［M］．北京：国家行政学院出版社，2021.

[3] 闫凤翥，李屏，胡军拥．乡村振兴策划与实施［M］．北京：中国农业出版社，2021.

[4] 吴军，崔雁冰，孔峻岩．乡村振兴农业农村转型升级［M］．济南：山东科学技术出版社，2021.

[5] 杨年春，朱新华．中国城市发展创新模式系列丛书县乡村振兴战略顶层设计与系统规划知与行乡村振兴十六重思维［M］．北京：中国财政经济出版社，2021.

[6] 贾若祥，张燕．绿水青山向金山银山转换之路信阳两湖区域发展战略规划研究［M］．北京：经济科学出版社，2021.

[7] 杨彦峰．乡村旅游乡村振兴的路径与实践［M］．北京：中国旅游出版社，2020.

[8] 张锦．乡村振兴战略背景下的乡村旅游规划设计［M］．太原：山西经济出版社，2020.

[9] 张林芳．乡村振兴模式创新与实操［M］．北京：中国农业出版社，2020.

[10] 魏旺栓．实施乡村振兴战略路径研究［M］．北京：中国经济出版社，2020.

[11] 王鑫．乡村振兴与农村一二三产业融合发展［M］．北京：中国农业科学技术出版社，2020.

[12] 杨景胜，等．城镇微更新与乡村振兴的探索与实践［M］．北京：中国城市出版社，2020.

[13] 贾晋．中国乡村振兴发展试点规划编制研究报告［M］．成都：西南财经大学出版社，2020.

[14] 程伟，黄德金，张璞．新时代乡村振兴规划理论方法与实践［M］．北京：中国商务出版社，2020.

[15] 汤喜辉．美丽乡村景观规划设计与生态营建研究［M］．北京：中国书籍出版社，2019.

[16] 徐超，陈成. 乡村景观规划设计研究 [M]. 北京：中国国际广播出版社，2019.

[17] 余凌云. 乡村景观规划设计的理论与方法研究 [M]. 长春：吉林美术出版社，2019.

[18] 樊丽. 乡村景观规划与田园综合体设计研究 [M]. 北京：中国水利水电出版社，2019.

[19] 吕桂菊. 乡村景观发展与规划设计研究 [M]. 北京：中国水利水电出版社，2019.

[20] 高小勇. 乡村振兴战略下的乡村景观设计和旅游规划 [M]. 北京：中国水利水电出版社，2019.

[21] 李士青，张祥永，于鲸. 生态视角下景观规划设计研究 [M]. 青岛：中国海洋大学出版社，2019.

[22] 刘娜. 人类学视阈下乡村旅游景观的建构与实践 [M]. 青岛：中国海洋大学出版社，2019.

[23] 陈瑞萍. 美丽乡村与乡村旅游资源开发 [M]. 北京：航空工业出版社，2019.

[24] 王韬. 主体认知视角下乡村聚落营建的策略与方法 [M]. 南京：东南大学出版社，2019.

[25] 鲁苗. 环境美学视域下的乡村景观评价研究 [M]. 上海：上海社会科学院出版社，2019.